海洋安全研究系列丛书

印度尼西亚海洋管理研究

白俊丰　编著

海洋出版社

2023 年·北京

图书在版编目（CIP）数据

印度尼西亚海洋管理研究／白俊丰编著. —北京：
海洋出版社，2023.1

（海洋安全研究系列丛书）

ISBN 978-7-5210-1048-0

Ⅰ.①印⋯　Ⅱ.①白⋯　Ⅲ.①海洋-管理-研究-印
度尼西亚　Ⅳ.①P7

中国版本图书馆 CIP 数据核字（2022）第 245582 号

责任编辑：高朝君

责任印制：安　淼

海洋出版社 出版发行

http：//www. oceanpress. com. cn

北京市海淀区大慧寺路 8 号　邮编：100081

鸿博昊天科技有限公司印刷

2023 年 1 月第 1 版　　2023 年 1 月北京第 1 次印刷

开本：787mm×1092mm　1/16　印张：8.25

字数：132 千字　　定价：68.00 元

发行部：010-62100090　邮购部：010-62100072

总编室：010-62100034　编辑室：010-62100038

海洋版图书印、装错误可随时退换

目　录

第一章　印度尼西亚海洋概述

印度尼西亚共和国(Republic of Indonesia，以下简称"印尼")位于亚洲东南部，地跨赤道(12°S~7°N)，其70%以上领地位于南半球，与巴布亚新几内亚、东帝汶、马来西亚接壤，与泰国、新加坡、菲律宾、越南、澳大利亚、印度、帕劳等国隔海相望。

印尼是世界上最大的群岛国家，由太平洋和印度洋之间17 000多个大小岛屿组成①，海洋面积316.6万平方千米(不包括专属经济区)。印尼海岸线54 716千米，陆地面积190.4万平方千米。印尼人口2.58亿，是世界第四人口大国。

一、印度尼西亚与海洋法

印尼对《联合国海洋法公约》(United Nations Convention on the Law of the Sea)的出台作出了积极贡献，其国内立法中倡议的"群岛国"和"群岛基线"被《联合国海洋法公约》吸纳。《联合国海洋法公约》第四章关于"群岛国"的定义是印尼和菲律宾长期推动的结果。至1982年《联合国海洋法公约》出台，印尼关于"群岛国"的利益诉求已付诸了20多年的努力。② 在第一次联合国海洋法会议上，印尼传达了自己的理念：群岛是一个镶嵌着岛屿的水

---

① 许利平：《"21世纪海上丝绸之路"与"全球海洋支点"对接研究：中国福建省、印度尼西亚调研报告》[M]，北京：中国社会科学出版社，2017年，第1页。

② 1957年12月，印尼处于朱安达·卡塔维查亚(Djuanda Kartawidjaja)内阁时期。以《朱安达宣言》(Djuanda Declaration)的公布为标志，印尼有了最早的涉及海洋的正式制度性文件，而这份宣言的核心即是向国际社会宣示印尼的群岛国地位。印尼在此时公布这一宣言，主要有两个目的：其一，以印尼群岛国身份的确立来维护印尼的海洋安全；其二，迎合全球海洋权利意识觉醒，在国际海洋秩序确立过程中清楚地表达自己的声音。参见葛红亮：《新兴国家参与全球海洋安全治理的贡献和不足》，载《战略决策研究》，2020年第1期。

体，而不是处在水中的岛屿；连接这些岛屿和位于其周围的水域和岛屿本身共同构成群岛，群岛是单一整体。这一概念当时没有被接受。在 1960 年 3—4 月的第二次联合国海洋法会议上，印尼反对 3 海里的领海宽度，坚持主张用直线基线方式确定印尼的群岛基线及 12 海里领海宽度。第三次联合国海洋法会议接受了印尼关于群岛是水域和陆地统一体的建议，《联合国海洋法公约》第 46 条反映了印尼的群岛概念①，而且兼顾了群岛国家的安全关切及政治利益和其他国家的航行权利。②

　　1985 年 12 月 31 日，印尼批准加入《联合国海洋法公约》。③ 同日，印尼颁布了关于印尼批准加入《联合国海洋法公约》的 1985 年第 17 号法律。之前，印尼已颁布了 1980 年《印度尼西亚专属经济区宣言》，从而拥有 200 海里专属经济区。④《联合国海洋法公约》生效后，印尼于 1996 年 8 月 8 日颁布了 1996 年第 6 号法律，以便根据《联合国海洋法公约》条款管理海洋。④

　　目前，印尼海洋管理的主要法律和法规为：关于印尼国家水域的 1996 年第 6 号法律，关于外国船舶和飞机通过指定群岛海道权利和义务的 2002 年第 37 号政府条例，关于外国船舶行使无害通过印尼水域权利和义务的 2002 年第 36 号政府条例，关于印尼群岛基线地理坐标的 2002 年第 38 号政府条例，关于修改 2002 年第 38 号群岛基线地理坐标政府条例的 2008 年第 37 号政府条例，关于国家领土的 2008 年第 43 号法律。

---

　　①　《联合国海洋法公约》第 46 条"用语"：为本公约的目的：（a）"群岛国"是指全部由一个或多个群岛构成的国家，并可包括其他岛屿；（b）"群岛"是指一群岛屿，包括若干岛屿的若干部分、相连的水域和其他自然地形，彼此密切相关，以致这种岛屿、水域和其他自然地形在本质上构成一个地理、经济和政治的实体，或在历史上已被视为这种实体。

　　②　李洁宇：《析印度尼西亚解释和运用〈联合国海洋法公约〉的合法性与缺失》，载《江淮论坛》，2016 年第 6 期。

　　③　1992 年联合国大会第 47 届会议第 84 次会议记录印尼代表纳赛尔先生的发言，联合国文件 A／47／PV．84。

　　④　1996 年联合国大会第 51 届会议第 76 次全体会议上印尼代表哈基姆女士的发言，联合国文件 A／51／PV．76。

二、印度尼西亚领海基线

《联合国海洋法公约》第 2 条第 1 款规定，沿海国的主权及于其陆地领土及其内水以外邻接的一带海域，在群岛国的情形下则及于群岛水域以外邻接的一带海域，称为领海。第 47 条规定，群岛国可划定连接群岛最外缘各岛和各干礁的最外缘各点的直线群岛基线，但这种基线应包括主要的岛屿和一个区域，在该区域内，水域面积和包括环礁在内的陆地面积的比例应在 1∶1~9∶1 之间。这种基线的长度不应超过 100 海里。但围绕任何群岛的基线总数中至多 3%可超过该长度，最长以 125 海里为限。

按照《联合国海洋法公约》的规定，印尼以 1996 年关于印尼国家水域的第 6 号法律取代了 1960 年关于印尼国家领水的第 4 号法律。如 1996 年第 6 号法律序言所述，其颁布原因就是为适应《联合国海洋法公约》第四部分中的群岛国制度。印尼于 1960 年 2 月 18 日公布第 4 号总统法令，宣布采用直线基线连接印尼各个处于外部的岛屿的最外各定点，这一法令是基于当时尚未获得国际法认可的群岛国理论。[①] 1996 年第 6 号法律第 4 条规定了对印尼海域的主权，其中包括内水、群岛水域和领海，特别注意到对这些水域的主权包括水体、空域、海床、底土以及其中包含的所有自然资源。第 5 条规定了创建直线和正常基线的权限，规定直线基线将连接印尼群岛最外层岛屿和干礁的最外层点，基线长度不得超过 100 海里。但印尼群岛周围整个基线的 3%可能超过 100 海里，最大长度为 125 海里。

2002 年 6 月 28 日通过的第 38 号政府条例发布了一份尚不完整的印尼群岛基线基准点地理坐标清单，并未将印尼群岛基线形成完整的"封闭环路"，因为帝汶岛附近的群岛基线并未规定。此外，印尼 2002 年发布的群岛基线与国际法院 2002 年 12 月 17 日判决锡帕丹岛(Sipadan)和利吉坦岛

---

① 廖雪霞：《南海周边国家海洋划界协议研究》，载《国际法研究》，2015 年第 6 期。

(Ligitan)主权属于马来西亚的判决不符①，需要进一步修订印尼群岛基线。因此，2008 年第 37 号政府条例(关于修改 2002 年第 38 号关于印度尼西亚群岛基线地理坐标的政府条例)于 2008 年 5 月 18 日发布。新的法规修订了三个地点的印尼群岛基线：苏拉威西海、帝汶岛和爪哇南海岸。

早在 1957 年，印尼就提出了对整个群岛的领土要求。根据印尼的"群岛概念"，领海、海峡乃至领空都应用来疏通各岛屿及各种族部落之间的地理障碍，也就是说，它们都是一个整体的各个组成部分。1957 年 12 月 13 日，即 1958 年第一次联合国海洋法会议召开前夕，印尼政府发表声明，主张 12 海里领海，并提出连接其群岛最外缘上的基点划定其领海基线，基线内为其内水，是其领土不可缺少的一部分。此前，印尼作为荷兰的殖民地，各个岛屿有其独立的领海，领海宽度为 3 海里，3 海里外的群岛间海域为公海。在第一次联合国海洋法会议期间，印尼代表曾就本国依据群岛的概念所采取的单方面法律行动做过以下解释：印尼由遍布在辽阔海域上的13 667个大小岛屿组成，如果把它们都作为各个拥有自己领海的独立实体看待，就会产生许多严重的问题。除了该地区国家实施管辖权困难重重这一事实，还存在岛与岛之间如何保持联系的问题。另外，如果一旦发生敌对行动，在中间水域所使用的现代化毁灭手段就会给各岛屿的居民以及附近海域的生物资源带来灾难。因此，印尼政府认为，应该把各岛屿之间以及岛与四周的水域与陆地领土一样看成一个整体，其领海应该从连接外缘各岛的最外缘各点的直线基线起测算。②

1960 年 2 月 18 日，即 1960 年第二次联合国海洋法会议召开前夕，印尼通过了仅有 4 条的《印度尼西亚领水法》(Act No. 4/1960—Indonesian Territorial Waters)，进一步明确其主张，规定其领海宽度为 12 海里，对印尼群岛间的所有海域及其自然资源主张完全主权，其他国家享有无害通过权。此时，东帝汶处在葡萄牙的管制下，纳土纳群岛海域还属于公海。然

---

① 朱利江：《马来西亚和印度尼西亚岛屿主权争议案评论》，载《南洋问题研究》，2003 年第 4 期。

② 薛桂芳：《〈联合国海洋法公约〉与国家实践》，北京：海洋出版社，2011 年，第 155 页。

而，印尼的上述单边主张并没有得到英国和美国等海洋强权国家的承认。泰国和新加坡出于自身远海捕鱼利益以及海运事业的需要，对菲律宾及印尼两个群岛国的要求持反对意见。马来西亚支持了这一概念，但认为受到这一原则损害的邻国的现有合法权利必须得到国际法的保护。尽管菲律宾及印尼的主张遇到种种反对意见，但是，一些东南亚国家，以及包括内陆国老挝在内的其他各国，都认可了"群岛国"原则。经过第一、第二次联合国海洋法会议尝试不成功之后，"群岛国"这一概念终于在第三次联合国海洋法会议上得到《联合国海洋法公约》的确认，从而在世界范围内得到了承认。①

1982 年通过的《联合国海洋法公约》部分接受了菲律宾、印尼等群岛国的主张，承认群岛间海域为其主权范围，但采用了"群岛水域"这一术语而非其主张的"内水"，印尼于 1985 年批准加入《联合国海洋法公约》。《联合国海洋法公约》生效后，印尼即着手修改其国内法，以便与《联合国海洋法公约》所确立的国际法原则保持一致。1996 年通过了《印度尼西亚水域法》(Act No. 6 of 8 August 1996 regarding Indonesian Waters)，废止了 1960 年的《印度尼西亚领水法》，将领海基线改为群岛基线，规定群岛水域为其领土的组成部分，但承认外国船舶享有无害通过权、外国船舶和飞机享有群岛海道通过权以及尊重现有协定、传统捕鱼权利和对现有海底电缆的维护权利等。1998 年，印尼政府制定了《关于印度尼西亚纳土纳群岛基线基点地理坐标表的政府条例》，减少了 22 个基点，将纳土纳海域封闭为印尼的群岛水域。2002 年 5 月，东帝汶通过 1999 年的全民公决而正式独立。因而，印尼政府又制定了《关于印度尼西亚群岛基线地理坐标表的政府条例》，修改其群岛基线，由 183 个坐标点连线而成。2002 年 12 月 17 日，国际法院将印尼和马来西亚争议的锡帕丹岛和利吉坦岛判决给马来西亚。此前，这两个小岛是印尼群岛基线的基点，也是马来西亚领海基线的基点。为此，印尼 2008 年又制定了《修订〈印度尼西亚群岛基线地理坐标表

---

① 薛桂芳：《〈联合国海洋法公约〉与国家实践》，北京：海洋出版社，2011 年，第 155 页。

的政府条例 38/2002〉的政府条例 37/2008》，修改了上述基点，并在邻近东帝汶海域增加了 10 个基点，调整了爪哇岛南岸基线，增加了 2 个基点，合计为 195 个基点。[①]

2009 年 3 月 11 日，印尼向联合国秘书长交存了印尼群岛基线各点的地理坐标清单，标志着印尼首次公开了一个完整的封闭的群岛基线系统。从其基线来看，印尼主张《联合国海洋法公约》中规定的全部海洋管辖区，包括 12 海里的领海、延伸到 24 海里的毗连区、延伸到 200 海里的专属经济区和大陆架。[②]

三、印度尼西亚群岛海道

印尼于 1957 年 12 月出台了关于其领海与群岛国地位的新政策，该政策被称为《朱安达宣言》。宣言中指出："……所有围绕印尼所属各岛的、各岛之间的和连接各岛的水域都是印尼领土不可分割的一部分，是印尼国家的内陆水域或印尼主权范围管辖的水域。"这一宣言引起了多方不满。美国是第一个提出抗议的国家。1958 年 1 月 3 日，在华盛顿提出抗议 3 天后，英国政府也宣布印尼政府提出的概念不合法，不适用于任何英国公民、船只和飞机。随后，澳大利亚、荷兰、法国和新西兰等国也相继对该宣言提出了抗议。为了减少其他海洋大国的不满，保证其对外贸易的正常开展，印尼当局在宣言中声明，只要不影响印尼的主权和国家安全，外国船只在印尼海域的任何经济活动都可以得到保障。[③]

---

① 刘新山，郑吉辉：《群岛水域制度与印度尼西亚的国家实践》，载《中国海商法年刊》，2011 年第 1 期。

② Dikdik Mohamad Sodik, "The Indonesian Legal Framework on Baselines, Archipelagic Passage, and Innocent Passage", *Ocean Development & International Law*, 2012.

③ 拉姆利·多拉，万·沙瓦鲁丁·万·哈桑：《印度尼西亚海洋边界管理中的挑战：对马来西亚的启示》，载《南洋资料译丛》，2015 年第 1 期。

《联合国海洋法公约》首次承认"群岛国"和"群岛水域"两个概念①，印尼以《联合国海洋法公约》条款作为依据声明群岛国地位。1988年，美国在同印尼之间的条约所附换文中承认印尼所适用的群岛国原则，"但有一项了解，即这些原则符合1982年《联合国海洋法公约》第四部分各条款"，并且尊重与"依照该部分反映的国际法通过"群岛水域有关的各项国际权利和义务。②

（一）印尼群岛海道

1996年5月，印尼在国际海事组织（International Maritime Organization，IMO）海事安全委员会（Maritime Safety Committee，MSC）第67届会议上提交了一份通过其群岛水域的各种海道和航线的提案。

IMO是联合国的一个专门机构，其职责包括改善国际航运安全和促进海上交通。1994年，联合国海洋事务和海洋法司法律事务厅发布了一份名单，列出了它认可的针对特定领域的主管国际组织，这份清单将IMO确定为《联合国海洋法公约》第53条第9款所规定的主管国际组织。③ 此外，印尼通过选择向IMO提交第53条第9款规定所指的提案，也就承认了IMO的管辖权。IMO也明确承认自己是负责根据《联合国海洋法公约》的有关规定确定群岛海道的主管国际组织，IMO大会决定将其在群岛海道方面的权力委托给其MSC。对于印尼的提案，MSC在其航海安全小组委员会（Sub-Committee on Safety of Navigation，NAV）的协助下履行职责。

在审议印尼提案期间，澳大利亚向MSC提出需要为采用群岛海道制定

---

① 《联合国海洋法公约》第49条"群岛水域、群岛水域的上空、海床和底土的法律地位"：1. 群岛国的主权及于按照第47条划定的群岛基线所包围的水域，称为群岛水域，不论其深度或距离海岸的远近如何。2. 此项主权及于群岛水域的上空、海床和底土，以及其中所包含的资源。3. 此项主权的行使受本部分规定的限制。4. 本部分所规定的群岛海道通过制度，不应在其他方面影响包括海道在内的群岛水域的地位，或影响群岛国对这种水域及其上空、海床和底土以及其中所含资源行使其主权。

② 1992年联合国大会第47届会议秘书长关于海洋法的报告：《执行〈联合国海洋法公约〉体现的综合法律制度方面取得的进展》，联合国文件A/47/512。

③ 《联合国海洋法公约》第53条"群岛海道通过权"第9款规定："群岛国在指定或替换海道或在规定或替换分道通航制时，应向主管国际组织提出建议，以期得到采纳。该组织仅可采纳同群岛国议定的海道和分道通航制；在此以后，群岛国可对这些海道和分道通航制予以指定、规定或替换。"

适当的指导和程序。IMO 编写了《关于采用、指定和替换群岛海道的一般规定》(以下简称《一般规定》)，《一般规定》补充了《联合国海洋法公约》的规定。《一般规定》借鉴了《联合国海洋法公约》的内容，阐明了海事组织与群岛海道提案有关的程序和职能；群岛国提交提案的责任；审议和通过提案的标准；关于使用群岛海道和正常通行路线的进一步细节以及技术要求。1998 年 5 月，MSC 第 69 届会议通过了《一般规定》。

(二) 印尼提案的内容

大体上，印尼在 MSC 第 67 届会议上提交的议案规定了三条南北贯穿印尼群岛水域的航道。提案并最终采用的航道介于：

(1)南海和印度洋

该航道有两个北端，两个北端都在南海马来半岛和加里曼丹岛之间，通过巽他陆架区(苏门答腊岛和加里曼丹岛之间和巽他群岛的西端)经由巽他海峡(加里曼丹岛和爪哇岛之间)到达印度洋。

(2)苏拉威西海和印度洋

该航道的北端开始于苏拉威西海，穿过望加锡海峡(加里曼丹岛和苏拉威西岛之间)、爪哇海，经由龙目海峡进入印度洋。

(3)太平洋和印度洋、帝汶海或阿拉弗拉海

该航道有两个北端，从莫卢卡海开始，然后穿过莫卢卡海和班杜海。这条航线有三个南端：沿帝汶岛西南海岸进入萨武海和印度洋；经过东帝汶东端进入帝汶海；进入阿拉弗拉海(在澳大利亚和印尼之间)。

印尼在其提案中宣称，在确定拟议航道时，考虑了以下因素：通过印尼群岛水域的国际运输和航空需求；水文和自然海洋条件；沿海和岛屿间航行和飞越的强度；捕鱼活动；现有油气勘探开发；设施和结构的存在；海洋环境保护；沿海和海洋旅游开发；印尼的和平、稳定和安全，特别是在人口稠密的沿海地区；执法机构在维护法律和秩序方面监测航行和飞越的能力。①

---

① Johnson, Constance, "A Rite of Passage: The IMO Consideration of the Indonesian Archipelagic Sea-Lanes Submission", *The International Journal of Marine and Coastal Law*, 2000, Vol. 15, No. 3.

　　印尼的提案引起了许多国家，特别是在印尼群岛有重要航运活动的国家，如澳大利亚和美国的强烈反应。他们认为印尼的提案没有包括"用作国际航行或飞越的正常通道"，而这也是《联合国海洋法公约》要求纳入的路线。特别是印尼的提案没有包括贯穿印尼群岛的东西向航道。澳大利亚和美国都向 NAV 提交了文件，阐述了他们对印尼群岛正常通道位置的看法。

　　美国认为：①应要求印尼提交额外海上航道建议计划；②印尼的提案应被视为仅用于部分指定，IMO 继续负责指定过程，直到其通过一个完整的计划；③根据《联合国海洋法公约》，群岛海道通过权应继续适用于国际航行通过印尼群岛；④印尼群岛的无害通行权不受指定群岛海道的影响。

　　澳大利亚认为：①为审议群岛海道提案而提出的任何机制，都应解决正常航道问题，包括航道的数量和位置；②根据《联合国海洋法公约》第53条(第 9 款)与群岛国达成的协议，应以用户国提供的关于正常通行路线的信息为基础，该协议应作为部分指定的组成部分；③审议提案的结果应反映使用国(包括国际航运业)与《联合国海洋法公约》所定义的群岛国之间的平衡；④需要制定关于采用群岛海道的充分指导和程序。

　　在其他代表团特别是澳大利亚的协助下，印尼向 MSC 第 69 届会议提交了一份修正提案，该提案取代了最初的提案，并符合当时的一般条款的要求。印尼的修正提案声明其为部分提案，并提供了关于印尼拟议航道轴线的更详细地理信息和坐标。印尼的修正提案并未对最初提案的航道位置做出任何重大更改，也未指定任何东西向或其他额外的航道。

　　美国等海洋大国对印尼的提案持反对态度，认为它将危害国际贸易，并限制了包括美国潜艇和航空母舰在内的军舰通过印尼水域的战略行动，美国希望最大限度地扩大实施群岛海道通过的海道数量。澳大利亚建议增加东西向的群岛海道通行，以供其船舶在可能发生紧急情况下使用，日本和其他一些亚太国家要求印尼开放更多水域供船舶自由通行。①

　　修正后的印尼提案，包括印尼提出的所有海道，在 MSC 第 69 届会议上

---

　　①　郗笃刚：《南海通行制度上的争议研究》，见高之国，贾宇：《海洋法精要》，北京：中国民主法制出版社，2015 年，第 86 页。

(1998 年 5 月 19 日)通过，但作为部分提案。印尼提出的"部分"群岛海道建议于 2002 年 12 月 28 日生效。[①] 因此，印尼需要提出更多的群岛海道，包括所有正常的航道。为此，印尼必须定期向 IMO 通报其提交更多海道提案以供通过的计划，这些信息必须包括额外航道的一般位置和提交更多海道提案的时间框架。同时，为了确保拟采用的航道包括所有正常航道，IMO 将继续对确定印尼群岛航道的过程拥有管辖权。此外，在确定所有正常通道之前，外国继续行使通过所有此类通道的权利。

2002 年 6 月 28 日，印尼政府颁布 2002 年第 37 号条例《外国船舶和航空器行使群岛海道通航权时的权利和义务》，该条例于 2002 年 12 月 28 日生效。印尼在该条例中，根据 1998 年 MSC.72(69)号决议通过的印尼水域群岛海道的局部通航制，指定了一些群岛海道(印尼和东帝汶之间海域内，勒蒂海峡和翁拜海峡部分地区的海道除外)。这些条例规定，被排除在外的海道可用于国际航行，也可为行使过境通行权提供方便。[②]

1998 年 5 月的 MSC 会议上，印尼以及邻国马来西亚和新加坡根据《联合国海洋法公约》第 41 条提出了在马六甲海峡实行新的和经修正的分道通航制的建议。[③] 这项建议提出了海峡建立沿岸航行区，通过把本地航行同直通航行分开来，促进安全和有秩序的航行。[④] 印尼同时颁布了纳土纳群岛基

---

① Buntoro, Kresno, "Burden Sharing: An Alternative Solution in Order to Secure Choke Points within Indonesian Waters", *Australian Journal of Maritime and Ocean Affairs*, 2009, Vol. 1, No. 4.

② 2003 年联合国大会第 58 届会议秘书长关于海洋和海洋法的报告，联合国文件 A/58/65。

③ 《联合国海洋法公约》第 41 条"用于国际航行的海峡内的海道和分道通航制"：1. 依照本部分，海峡沿岸国可于必要时为海峡航行指定海道和规定分道通航制，以促进船舶的安全通过。2. 这种国家可于情况需要时，经妥为公布后，以其他海道或分道通航制替换任何其原先指定或规定的海道或分道通航制。3. 这种海道和分道通航制应符合一般接受的国际规章。4. 海峡沿岸国在指定或替换海道或在规定或替换分道通航制以前，应将提议提交主管国际组织，以期得到采纳。该组织仅可采纳同海峡沿岸国议定的海道和分道通航制，在此以后，海峡沿岸国可对这些海道和分道通航制予以指定、规定或替换。5. 对于某一海峡，如所提议的海道或分道通航制穿过该海峡两个或两个以上沿岸国的水域，有关各国应同主管国际组织协商，合作拟订提议。6. 海峡沿岸国应在海图上清楚地标出其所指定或规定的一切海道和分道通航制，并应将该海图妥为公布。7. 过境通行的船舶应尊重按照本条制定的适用的海道和分道通航制。

④ 1997 年联合国大会第 52 届会议第 56 次全体会议上印尼代表维比索诺先生的发言，联合国文件 A/52/PV. 56。

线的地理坐标表，印尼政府表示，这是印尼提议确立群岛海道在 1998 年 5 月获得 IMO 批准后所必须颁布的。[①]

四、印度尼西亚海洋边界

印尼与印度、泰国、马来西亚、新加坡、越南、菲律宾、帕劳、巴布亚新几内亚、澳大利亚和东帝汶 10 个国家有海上边界，这些边界与印尼领海、毗连区、专属经济区和大陆架有关。印尼 2008 年第 43 号关于国家领土的法律，要求政府根据现行法律法规和国际法签订有关边界的双边或三边协定，以建立国家领土边界。

2009 年，印尼与新加坡签订了关于新加坡海峡西部两国领海划界的海上边界协议。但是，印尼和新加坡以及马来西亚仍存在领海边界线问题。尤其是印尼与马来西亚在新加坡海峡的领海边界线问题，使得两国海上执法机构甚至发生"对峙"。印尼和马来西亚之间的领海争端也存在于苏拉威西海，国际法院于 2002 年的判决并未就有关领海和海上边界问题做出决定。另外，印尼也尚未与东帝汶就领海签订划界协定，与菲律宾也存在岛屿争议。至 2012 年，印尼在 15 个不同地点有未解决的海上边界，涉及 26 段边界。[②]

(一)印尼、东帝汶关于印尼领海基线的争议

2002 年东帝汶独立后，印尼修改了本国的领海基线。2008 年，依照第 37 号政府令，印尼对于 2002 年的领海基线又进行了修改并将修改后的领海基线图送交联合国秘书长。2012 年 2 月 16 日，东帝汶常驻联合国代表向联合国秘书长送交照会，对印尼 2008 年交存的领海基线图中的两段不予承认。第一段是印尼领海基线图中的 TD112A 点到 TD113 点之连线，东帝汶认为，

---

① 1998 年联合国大会第 53 届会议第 68 次全体会议上印尼代表埃芬迪先生的发言，联合国文件 A/53/PV.68。

② Dikdik Mohamad Sodik，"The Indonesian Legal Framework on Baselines, Archipelagic Passage, and Innocent Passage"，*Ocean Development & International Law*，2012.

这一段领海基线的划设未按照东帝汶的阿陶罗岛(Ataúro Island)与印尼的利兰岛(Pulau Liran)和阿洛岛(Pulau Alor)的中间线进行划分。第二段是TD113B点到TD114点之连线,东帝汶认为,这一段领海基线的划设完全忽视了东帝汶在西帝汶的飞地欧库西(Oecussi),使得东帝汶无法在欧库西海域获得领海和专属经济区。这两点实际上反映了双方在韦塔海峡(Selat Wetar)、翁拜海峡(Selat Ombai)、帝汶海以及欧库西附近海域的海洋划界问题。截至2013年,印尼和东帝汶之间的陆地划界问题,在谈判10年以后,仍然没有得到解决,因此海洋划界谈判还没有办法开展,印尼也没有修改2008年交存的领海基线图。印尼—东帝汶边界委员会依然在定期会晤,但由于受历史上的纠葛和现实的经济利益的影响,双方在短期内解决包括海洋边界在内的边界问题的难度还比较大。①

(二)印尼、菲律宾海洋划界问题

2014年5月23日,印尼和菲律宾两国政府在马尼拉签署《菲律宾共和国政府和印度尼西亚共和国政府关于专属经济区划界的协定》。该协定对两国在棉兰老海(Mindanao Sea)、西里伯斯海(Celebes Sea,即苏拉威西海)和菲律宾海(Philippine Sea)海域重叠的专属经济区划定界线。该协定是两国历经20年谈判的结果,也是菲律宾有史以来第一次与外国签署的海上边界条约。印尼和菲律宾隔西里伯斯海相望,西里伯斯海的面积有限,从最近的海岸线算起,这片海域任何一处的宽度都不超过200海里。两国都主张200海里的专属经济区,于是,两国主张的海洋诉求产生了冲突,出现了海洋划界问题。印尼和菲律宾就重叠的专属经济区展开谈判,始于1994年6月23—25日在印尼万鸦老(Manado)举行的关于海洋划界的第一次高级官员会议上,两国高级官员设置了海洋划界的指导原则。为了开展相关工作,两国成立了常设工作组进行对接,该常设工作组由三个子工作组和一个联合技术小组协助工作。由于彼此分歧过大,此后进入了九年的搁置状态。直

---

① 刘畅:《印度尼西亚海洋划界问题:现状、特点与展望》,载《东南亚研究》,2015年第5期。

到 2003 年，两国重启这一进程。从 1994 年到 2014 年，两国通过常设工作组总共举行了八次会议来达成专属经济区划界协定。[①] 通过比较 2010 年与 2014 年菲律宾与印尼关于海域划界的具体边界走向，可以得知此协议是经由等距划界原则所获得的衡平划界的结果。也就是说，两国的专属经济区划界没有采用单一划界的方式，也没有使用中间线（等距离线）的方法。[②] 这一解决海洋争端的方式，被印尼称为南海争端解决的"范例"[③]，即以通过谈判解决争端作为解决南海争端的首选方式。这种争端解决政策，从对争端解决的可控程度来看，可以避免由于适用强制性争端解决程序对争端做出具有拘束力裁判所造成的争端当事国对争端解决可控程度降低。[④]

（三）印尼、马来西亚海洋边界协议

印尼与马来西亚之间已经签署了 3 份关于海洋边界的协议。第一份协议是关于在马六甲海峡和纳土纳海的大陆架划界，该协议已于 1969 年 10 月 27 日在吉隆坡签署，并已通过 1969 年第 86 号总统法令批准生效。第二份协议有关在马六甲海峡的划界问题，该协议于 1970 年 3 月 17 日在吉隆坡签署，并已通过 1971 年第 2 号总统法令批准生效。第三份协议是一份涉及印尼、马来西亚和泰国的三方协议，协议的内容是有关马六甲海峡北部海域的大陆架划界问题。该协议于 1971 年 11 月 21 日在吉隆坡签署，并得到了 1972 年第 20 号总统法令的批准。[⑤]

---

① 李忠林：《印尼和菲律宾专属经济区划界及对中菲南海争端的启示》，载《亚太安全与海洋研究》，2016 年第 5 期。

② 王胜：《菲律宾—印度尼西亚专属经济区划界谈判及其影响》，载《海南热带海洋学院学报》，2020 年第 1 期。

③ Indonesia：Maritime deal model for dispute settlement，2014 - 05 - 28，http：//www. inaportl. co. id/? p = 5874. 孙立文：《海洋争端解决机制与中国政策》，北京：法律出版社，2016 年，第 175 页。

④ 孙立文：《海洋争端解决机制与中国政策》，北京：法律出版社，2016 年，第 174-175 页。

⑤ 拉姆利·多拉，万·沙瓦鲁丁·万·哈桑：《印度尼西亚海洋边界管理中的挑战：对马来西亚的启示》，载《南洋资料译丛》，2015 年第 1 期。

（四）印尼、马来西亚安巴拉特海划界争端

安巴拉特海位于加里曼丹岛东侧，是苏拉威西海的一部分。印尼和马来西亚在这一海域存在着错综复杂的划界纠纷，两国曾长期对于该海域的锡帕丹岛和利吉坦岛的归属问题存在争议。2002年，国际法院将两岛判归马来西亚，马来西亚据此认为两岛附近海域属本国所有，进而在2005年2月16日将位于安巴拉特海域的 ND 6 和 ND 7 两个区块的油气开采权给予荷兰壳牌石油公司。由于 ND 6 区块与印尼的相关区块重叠，导致印尼强烈抗议，由此引发两国将近三个月的争端，期间双方在争议海域不断增兵驻防，局势一度面临失控的危险。除了印尼，菲律宾与马来西亚在该海域也存在专属经济区重叠问题。

（五）印尼、马来西亚、新加坡两个"灰色地带"划界问题

围绕着马六甲海峡的划界问题，印尼、马来西亚和新加坡三国进行了将近50年的复杂博弈，迄今也未能最终解决。20世纪60年代末到70年代初，印尼和马来西亚就西马来西亚两侧的海域完成了划界。1973年，印尼和新加坡签署条约，完成了新加坡海峡中段的海洋划界。至此，在新加坡海峡的西段和东段，出现了两个缺口，被称为两个"灰色地带"。两个"灰色地带"划界问题受到两大因素的影响而始终难以解决。一是马来西亚和新加坡长期存在白礁、中岩礁和南礁的岛礁归属争议，使得印尼和新加坡的海域划界谈判迟迟无法开展，直到2008年国际法院将白礁判归新加坡后，双方才启动关于新加坡海峡东段的划界谈判。二是马来西亚在1979年出版的《马来西亚领海与大陆架界限图》中单方面进行了海洋划界，这一划界迄今没能得到印尼和新加坡的承认，阻碍了三边协商的开展。2009年和2014年，印尼和新加坡先后完成新加坡海峡西段和东段的海洋划界，完成两国海洋界限的"西展"和"东展"，达到在两国主权范围内可以协商解决的最大的扩展，从而使两个"灰色地带"的问题得到了初步缓解，但这只是缩小而

没有消除两个"灰色地带"。[①]

(六) 印尼、越南大陆架划界问题

2003 年 7 月 26 日，印尼与越南单独就大陆架划界签订了《越南社会主义共和国政府与印度尼西亚共和国政府大陆架划界协定》，该协定第 2 条规定："本协定在任何情况下不影响两国将来就专属经济区划界达成的协议。"[②]通过这一划界协定，印尼完成了其在南海这一区域的岛屿与越南和马来西亚的大陆架划界。但是，这一协定所涉海域位于南海南端，且位于中国"断续线"内，协定的签订并未充分考虑中国作为第三国在南海的利益和立场。虽然该协定于 2007 年 5 月 29 日完成两国国内的条约批准程序，但与 1969 年《印度尼西亚共和国与马来西亚关于两国大陆架划界协议》的情况相同，该协定涉及侵害中国海洋权益的部分应当无效。越南和印尼划界协定的内容是有关越南大陆与印尼所属的纳土纳群岛之间的划界。1969 年《印度尼西亚共和国与马来西亚关于两国大陆架划界协议》中，印尼与马来西亚在南海海域西段与东段的两段划界线划分了纳土纳群岛东、西两侧的海域，而此次与越南大陆架的划界协定，则是以一条长约 250 海里的线段划分了纳土纳群岛北部的海域。在这一划界协定中，并未提及两国各自的领海基线，最终的划界线更偏向于印尼一侧的等距离线，也就是经调整后更有利于越南的等距离线。当时，印尼已经通过 1998 年、2002 年和 2009 年的国内法修订，使其群岛基线系统大致符合《联合国海洋法公约》的规定，但越南仍然保持其极富争议的直线基线体系。两国在 2003 年大陆架划界协定中也未提及以两国各自的领海基线为基础来构筑等距离线。[③]

---

① 刘畅：《印度尼西亚海洋划界问题：现状、特点与展望》，载《东南亚研究》，2015 年第 5 期。

② 孙传香：《大陆架划界的法律适用论考》，见高之国，贾宇：《海洋法精要》，北京：中国民主法制出版社，2015 年，第 150 页。

③ 廖雪霞：《南海周边国家海洋划界协议研究》，载《国际法研究》，2015 年第 6 期。

(七)印尼、印度海洋划界问题

印尼与印度之间共签署了 3 份协议。第一份协议有关苏门答腊岛和尼科巴群岛(安达曼海)之间的格雷特海峡大陆架划界问题,协议于 1974 年 8 月 8 日在雅加达签署,1974 年第 31 号总统法令批准了该协议。第二份协议有关扩大在安达曼海和印度洋大陆架边界的问题,协议于 1977 年 1 月 14 日在新德里签署,1977 年第 26 号总统法令批准通过了该协议。第三份协议涉及印尼、印度和泰国三方,内容是确定三国在安达曼海的领海边界和边界的交叉点,该协议于 1978 年 1 月 22 日在新德里签署并通过 1978 年第 24 号总统法令批准生效。[①] 2008 年 6 月 16 日,印尼根据《联合国海洋法公约》第 76 条第 8 款向大陆架界限委员会提交关于从测算苏门答腊西北海域领海宽度的基线量起 200 海里以外的大陆架界限的资料。2009 年 3 月 29 日,印度在给联合国秘书长的一份普通照会中表示该国认为印尼的划界案不妨碍印度和印尼之间大陆架划界问题,而后一问题将通过相互协定予以解决。[②]

(八)印尼、澳大利亚海洋划界问题

印尼与澳大利亚之间签署了 3 份协议。第一份是涉及阿拉弗拉海的《澳大利亚政府与印度尼西亚政府确定海床边界的协定》,该协议于 1971 年 5 月 18 日在堪培拉签署,1971 年第 42 号总统法令批准通过了该协议。第二份是涉及阿拉弗拉海西部和帝汶海部分边界的一份补充协议,该协议于 1972 年 10 月 9 日在雅加达签署,并被 1972 年第 66 号总统法令批准生效。第三份是涉及阿拉弗拉海和印度洋爪哇岛以南部分的《划定专属经济区和部分海床

---

① 拉姆利·多拉,万·沙瓦鲁丁·万·哈桑:《印度尼西亚海洋边界管理中的挑战:对马来西亚的启示》,载《南洋资料译丛》,2015 年第 1 期。

② 2009 年联合国海洋法公约大陆架界限委员会主席关于委员会工作进展情况的说明,联合国文件 CLCS/62。

边界协议》，该协议签署于 1977 年 3 月 14 日。①

印尼和澳大利亚之间在阿拉弗拉海、帝汶海及包括爪哇岛南部海域在内的印度洋海域存在着复杂的海域划界问题，双方自 20 世纪 60 年代开始着手通过谈判解决。70 年代初，印尼和澳大利亚划定了阿拉弗拉海和帝汶海西段的海床边界。由于双方无权对当时尚处于葡萄牙统治下的东帝汶附近海域进行划界，因此，在已经划定的边界之间留下了一个空缺，被称为"帝汶缺口"。1975 年，印尼军事占领东帝汶，印尼和澳大利亚海洋划界谈判的重点遂转移到了解决帝汶缺口的问题上。在经过十年的谈判后，1989 年双方签署了《帝汶缺口合作条约》。帝汶缺口问题解决以后，双方开始进行最后一部分的海洋划界谈判。1997 年 3 月 14 日，双方签署《澳大利亚联邦政府和印度尼西亚共和国政府关于建立专属经济区边界和某些海床边界的条约》(以下简称《珀斯条约》)。该条约试图以一揽子方案解决双方的海洋划界问题。在条约中，双方划定了三条海洋界限。第一条是将双方在印度洋上的海床界线向西延展到公海，第二条是整体划设了双方在印度洋、帝汶海和阿拉弗拉海的专属经济区线(其中在帝汶缺口的划界与 1989 年《帝汶缺口合作条约》一致)，第三条则是划设了爪哇岛和圣诞岛的海域界限。这一条约最引人注目的地方在于，双方将专属经济区界线和海床界线分开处理，在水体和海床两条独立的界线之间，出现了四块重叠区。为此，《珀斯条约》第七条对于双方在重叠区内的权利和义务进行了较为详细的规定。1997 年签订后，《珀斯条约》一直未能得到正式批准，因此对双方并不产生效力。这使得相关海域一直存在的非法捕鱼和非法难民问题难以解决，双方虽然没有因此产生重大的纠纷和冲突，但对于双方关系的稳定仍产生了长期的不利影响。② 为了处理同一海域的大陆架与专属经济区分属于不同国家的问题，两国在条约的第 6 条和第 7 条规定，在管辖发生重叠的区域，两国分别

---

① 拉姆利·多拉，万·沙瓦鲁丁·万·哈桑：《印度尼西亚海洋边界管理中的挑战：对马来西亚的启示》，载《南洋资料译丛》，2015 年第 1 期。

② 刘畅：《印度尼西亚海洋划界问题：现状、特点与展望》，载《东南亚研究》，2015 年第 5 期。

行使权利。印尼对重叠区的水体行使专属经济区的权利，澳大利亚在重叠区内对海床行使大陆架权利。①

（九）印尼、帕劳海洋划界问题

1994 年，帕劳结束托管宣布独立，2007 年与印尼建交。在这期间，两国从未商讨过海洋划界问题，这使得帕劳成为唯一的一个未与印尼谈判海洋划界问题的国家。因此，建交时，印尼方面表达了希望与帕劳开展海上划界谈判的意愿。2008 年，帕劳向联合国秘书长交存了一份名为《帕劳共和国——海洋边界争端》的文件。在该文件中，帕劳为本国划设了一个大致为五边形的海洋界限，并提供了坐标。其中，东北标注为帕劳与密克罗尼西亚联邦之间的议定边界，西北标注为帕劳与菲律宾的争议划界，而东南、南、西南三个方向，均标注为帕劳与印尼的争议划界。其中，最南方的划界依据是海伦岛(Helen Island)，而在印尼交存的领海基线图中，该岛被标注为海伦礁(Helen Reef)。双方如开展谈判，岛礁地位问题将会不可避免地提及。帕劳主张的划界与印尼、菲律宾都存在重叠，未来如要谈判解决，除了双边谈判，三方之间还潜在地存在一个通过三边协商寻找共同点的过程。②

---

① 孙传香：《大陆架划界的法律适用论考》，见高之国，贾宇：《海洋法精要》，北京：中国民主法制出版社，2015 年，第 150 页。

② 刘畅：《印度尼西亚海洋划界问题：现状、特点与展望》，载《东南亚研究》，2015 年第 5 期。

第二章　印度尼西亚海洋管理与制度

一、印度尼西亚海洋管理制度演变

印尼拥有丰富的海洋资源、沿海社区、文化和风俗习惯。根据1998年的统计，印尼海洋相关产业占国内生产总值（GDP）总额的12.38%以上。[①] 海洋部门的经济潜力迟早会取代石油和天然气的收入，每年可能达到187亿美元。[②]

印尼拥有丰富的海岸资源，海岸带被用于不同的目的，包括旅游、渔业、运输、采矿和通信。1993年以前，与海洋开发和利用有关的政策、方案和项目分散在不同的机构，协调性很差。这种情况经常导致竞争性使用之间的冲突，导致自然资源的破坏和环境质量的退化。印尼沿海地区及其资源的退化，被认为主要是由于体制和管理能力不足，缺乏分权机制，以及忽视社区在实施一体化进程中的作用而造成的。

表2-1　印尼海洋管理的重要事件[③]

序号	年份	重要事件
1		印尼签署了1982年《联合国海洋法公约》
2	1982	印尼政府宣布，到2003年年底前，将1000万公顷海洋水域（占海洋总面积的5%）划为海洋保护区。到2013年，印尼海洋保护区的数量达到131个，占地近1600万公顷。这也是实现印尼政府宣布的到2020年建立2000万公顷的海洋保护区的努力[④]
3		Segara Anakan—Central Java、海岸环境管理和规划（CEMP）以及 Buginesia-South Sulawesi 已作为综合海岸管理研究试点项目区域

---

① Arifin Rudiyanto, "Marine and Coastal Management in Indonesia: a Planning Approach", *Maritime Studies*, May-June, 1999.

② Donny Syofyan, "Priorities of Australian-Indonesian military cooperation", *Asia Pacific Defence Reporter*, DEC-JAN, 2015.

③ Hendra Yusran Siry, "Decentralized Coastal Zone Management in Malaysia and Indonesia: A Comparative Perspective", *Coastal Management*, 2006.

④ Dedi Supriadi Adhuri, Laksmi Rachmawati, Hirmen Sofyanto, et al., "Green market for small people: Markets and opportunities for upgrading in small-scale fisheries in Indonesia", *Marine Policy*, 2016.

序号	年份	重要事件
4	1987	六所大学开设海洋科学与技术教育课程
5	1989	与各种研究机构合作开展研究和教育项目，如亚洲沿海生活资源项目等
6	1993—1998	海洋资源评估和规划项目作为沿海区域分散管理的第一个倡议而启动
7	1997	在茂物设立了一个综合海岸管理研究生项目
8	1998	经过三年的项目设计和准备，多边珊瑚礁修复和管理项目(一期)开始实施
9		成立海洋事务与渔业部
10	1999	一些国际非政府组织参与海洋保护项目
11		加强双边援助项目，如美国国际开发署的海岸资源管理项目、日本国际协力机构的国际珊瑚礁综合管理项目等
12	2001	颁布关于沿海综合管理和小岛屿可持续管理的两项法令
13	2002	在15个省和43个区实施海洋和海岸资源管理项目
14	2003	在7个省和12个区实施珊瑚礁修复和管理项目(二期)

　　印尼海岸带管理制度的演变是由国际和双边捐助机构通过其计划和项目触发的，分散的、基于社区管理的沿海管理方法是国外捐助机构推动的主要主题。国外援助机构对印尼制定渔业政策的影响力非常大，例如亚洲开发银行、联合国开发计划署、美国国际开发署、世界银行国际重建与发展银行、全球环境基金、澳大利亚国际开发署和日本国际协力机构(Japan International Cooperation Agency，JICA)。20世纪70年代初，亚洲开发银行、世界银行和日本政府向印尼提供了超过1300万美元的贷款，以支持建立四家半官方企业来开发金枪鱼出口市场。在20世纪70年代中后期，亚洲开发银行和世界银行向印尼渔业部门提供信贷，用于建造新的拖网渔船，以及改善渔港、冰厂和其他必要的基础设施。在1974—1983年间，印尼为渔业发展接受了总额为2.073亿美元的外部援助，其中几乎一半来自亚洲开发银行。除了这些官方援助项目，外国投资者(主要是日本)投资6450万美元与印尼同行建立合资公司。① 印尼也十分愿意与外国合作，保护本国

① Conner Bailey："The Political Economy of Marine Fisheries Development in Indonesia"，*Indonesia*，1988.

群岛水域生态系统，与挪威就沿海和海洋生物多样性的综合管理开展了一项国别研究合作；与亚洲开发银行协作，开展了印尼沿海和海洋环境管理项目。[1] 1999 年，印尼在海洋保护方面也加强了双边援助项目，如美国国际开发署的海岸资源管理项目、日本国际协力机构的国际珊瑚礁综合管理项目等[2]，一些国际非政府组织也参与了印尼海洋保护项目。

20 世纪 90 年代初，印尼的沿海和渔业管理权集中于中央政府。在集中管理下，环境政策被设计为在印尼的所有区域应用和实施，而不管其地方问题和跨群岛存在的复杂的社会、经济和文化多样性。集中管理也限制了地方政府和社区创造性地思考和行动的能力，特别是在社会和经济危机时期。始于 1999 年的民主化改革为印尼的海岸带管理带来了新的模式，1999 年第 22 号和第 25 号（2004 年修订为第 32 号和第 33 号）两项新的法律颁布实施，标志着印尼的海岸带管理进入一个新阶段。这两项法律，调整了省和地方政府之间的等级关系，城市和地区的地方政府成为自治政府，不再有向省政府汇报的义务；强调权力下放，赋予地方政府更大的权力；加强社区在资源管理方面的作用，要求地方政府以可持续的方式管理资源。1999 年第 22 号法律，确认了沿海管理和渔业管理中的地方社区资源管理制度，允许地方政府调整采用适应当地的治理政策。2001 年，印尼颁布关于沿海综合管理和小岛屿可持续管理的两项法令。2002 年，印尼在 15 个省和 43 个区实施海洋和海岸资源管理项目。2003 年，印尼在 7 个省和 12 个区实施珊瑚礁修复和管理项目（二期）。2007 年，印尼颁布关于沿海地区和小岛屿管理的第 27 号法律。2014 年，颁布修订后的关于沿海地区和小岛屿管理的

---

①　1998 年联合国大会第 53 届会议第 68 次全体会议上印尼代表埃芬迪先生的发言，联合国文件 A/53/PV.68。

②　1978 年，日本提出发展与东盟国家关系的新目标，即"心心相印"伙伴关系。该目标致力于实现日本与东盟国家的相互理解和相互信任。印尼作为东盟中的大国，是日本重点经营的对象。日本主要从两大路径来推动两国"心心相印"伙伴关系的建设：一是改变对印尼的援助方式，从注重自身经济利益转向促进印尼经济社会发展能力的建设，以获取印尼的信任；二是积极开展文化外交，通过教育、文化交流促进两国国民的相互理解。在社会发展领域，日本国际协力机构与印尼开展的合作项目涉及城市地区发展、教育、水资源/灾害管理、保健医疗、农业乡村发展、自然资源保护、环境治理、减少贫困等各个方面。参见韦红，李颖：《日本构建与印尼"心心相印"伙伴关系研究：路径与策略》，载《东南亚研究》，2019 年第 1 期。

第 1 号法律。这些举措旨在确立海洋综合管理理念，努力提高沿海地区地方政府的行政能力。①

从第二个长期发展规划(1993—2018 年)开始，印尼海洋发展面临新的条件。作为经济战略的重要组成部分，中央和地方政府都更加重视海洋和沿海资源的开发。印尼第二个 25 年长期发展规划(1993—2018 年)确立的海洋发展目标是：实现印尼领土主权和群岛水域的国家管辖权；利用科学技术最大限度地开发海洋潜力，在国家、私营部门和合格、专业、发展良好的人力资源相互合作基础上，建立一个强大而先进的海洋产业；维护海洋生物环境的可持续性。②

印尼 2004 年第 32 号法律建立了一个分散管理的沿海管理体系，从海岸线向外海 12 海里水域由当地政府管理。根据这项法律，中央政府负责勘探、开发、养护、管理 12 海里至 200 海里以外的资源，特别是专属经济区内的资源；执行航道法律法规。32 号法律还明确规定，传统的捕鱼权不受分散的海岸带划界的限制，这意味着传统渔民可以进入沿海地区以外的渔场。根据 32 号法律，省和地方政府的行政管理部门在其海区管理中都要承担六项任务，即海岸资源的勘探、开发、养护和管理，行政事务，分区及空间规划事务，地区性法规和中央授权法规的执法情况，参与维护安全以及维护国家主权。

目前，印尼沿海地区管理权力下放的进程仍处于起步阶段。1999 年开始，印尼地方政治民主化迅速推进，在缺乏民主制度所必要的经济基础条件下，迅速而激烈地完成了民主化的初步转型③，地方分权的施行使得地方政府获得了许多从中央转交过来的权力，极大地激活了地方自治的机制。地方自治要求中央和地方政府确保权力下放不会导致公共服务的崩溃或中

---

① Hendra Yusran Siry："Decentralized Coastal Zone Management in Malaysia and Indonesia：A Comparative Perspective"，*Coastal Management*. 2006.

② Arifin Rudiyanto："Marine and Coastal Management in Indonesia：a Planning Approach"，*Maritime Studies*. 1999.

③ 王春强：《民主化道路的模式：韩国与印度尼西亚的比较分析》，载《经济研究导刊》，2014 年第 23 期。

断，必须为政策制定和实施创造新的制度和价值。然而，由于缺乏关于地方自治的详细操作指南，使得地方政府管理与执法出现混乱。虽然印尼非常重视对沿海地区的综合管理，通过设立国家海洋理事会来解决这些复杂问题①，但是，从 2005 年至 2016 年，印尼地方政治的民主化质量出现了部分停滞或倒退的趋势。② 地区经济发展不平衡严重影响了地方政府自治职能的行使，一些贫穷地区的政府不愿意实施海上执法。根据 2004 年第 32 号法律，各省和县市均被赋予海洋区域广泛而明确的管理权限，包括海洋资源勘探、开发、养护和管理，空间规划以及执法。实际情况却是富裕地区的政府资助执法项目并不困难，例如廖内、东加里曼丹、亚齐和巴布亚等自然资源丰富的地区比贫困地区获得更多的收入，变得更加富裕，从而有能力、有意愿实施海洋管理与海上执法。但贫穷地区的政府以同一水平资助海上执法仍然是一个问题，这导致一些地方政府不愿意实施海上执法。

再者，海洋资源冲突是印尼一个日益严重的问题。1999 年第 22 号法律确立的行政分权制度，目的是使渔民对其渔业相关活动有更大的所有权和责任感，尽管权力下放具有这些积极的方面，但在地方一级，这一政策存在操作上的限制。由于对分权制度的不同理解，有时会造成进一步的冲突。例如，当地政府签发的捕捞许可证超出其权限。对于渔民来说，自治意味着他们有权要求个人拥有其沿海水域的所有权以及经济权利。这会在同一地方产生渔民群体之间的进一步冲突。一群传统渔民声称某些地区是他们的"领土"，并禁止其他渔民到那里捕鱼。很明显，国家海洋管理决策者面临的挑战是为印尼的渔业资源选择更合适的治理和管理方法，以解决过度捕捞和日益加剧的冲突。③

---

① 1998 年联合国大会第 53 届会议第 68 次全体会议上印尼代表埃芬迪先生的发言，联合国文件 A/53/PV. 68。

② 陈琪，夏方波：《后威权时代的印尼地方分权与政治变迁》，载《东南亚研究》，2019 年第 2 期。

③ Umi Muawanah, Robert S. Pomeroy, Cliff Marlessy: "Revisiting Fish Wars: Conflict and Collaboration over Fisheries in Indonesia", *Coastal Management*, 2012.

二、印度尼西亚海上执法制度

印尼沿海和海洋资源法律法规的执行由中央政府的多个机构共同负责，最主要的两个部门是海洋事务与渔业部（Ministry of Marine Affairs and Fisheries）和林业部（Ministry of Forestry）。海洋事务与渔业部于1999年成立，最初称海洋勘探和渔业部，2000年改为海洋事务与渔业部。该部的主要职能为：根据现行法律、法规，制定海洋勘查、渔业的总体方针；实施海洋和渔业生态系统的可持续利用和监测，保障经济的可持续发展；整合全国海洋生物资源利用和海洋勘探许可；指导渔业开发；发展和整合海洋勘查、渔业的社会团体、事业单位；协调海洋勘探、渔业的机构间活动；协调海洋勘探、渔业的研究开发和标准化工作；协调海洋和沿海教育培训工作。[①]海洋事务与渔业部所属的海洋资源和渔业管理总局包含海洋生态系统管制局和鱼类资源管理局，这两个局共同负责监测、控制和监督以及执行沿海和海洋资源管理法律和法规。海洋生态系统管制局负责海岸地区的控制，与海军和警察局（海上警察）一起在印尼领海和近海水域进行监测、控制、监视和执法。海洋事务与渔业部和林业部都有"民事调查官"，他们有权调查海上的所有违法行为。

印尼2004年10月15日颁布新的渔业法，司法机构的转型和对非法捕鱼活动增加最高处罚是两个重大变化。印尼自独立以来，首次设立专门法庭审理渔业犯罪，目前在印尼最大的渔港雅加达、棉兰、庞蒂亚纳、比塘和图阿尔设立了五个特设渔业法庭，每个法庭由一名来自市级法院的职业法官和两名特设法官组成。[②]特设渔业法庭与普通法庭有四个区别：第一，检察官需要通过正式培训了解海洋、沿海和渔业生态系统；第二，在某些

---

① Arifin Rudiyanto："Managing Marine and Coastal Resources：Some Comparative Issues between Australia and Indonesia"，*Maritime Studies*，2001.

② Jason Patlis："Indonesia's New Fisheries Law：Will it Encourage Sustainable Management or Exacerbate Over-exploitation?"，*Bulletin of Indonesian Economic Studies*，2007.

情况下，有可能从学术界、政府机构、非政府组织和其他正式渔业协会聘请特设法官；第三，执法的最长时间（从调查到处罚）已经减少到大约两个半月；第四，在某些情况下，为了加快法院程序，可以缺席判刑。新的渔业法加大了对违反渔业法行为的制裁。例如，使用炸药、氰化物和其他非法装备的最高罚款从1亿印尼盾（约0.65万美元）大幅增加到12亿印尼盾（约7.8万美元），但同一违法行为的最高刑期由10年减为6年。

还有其他中央政府机构以及军警部门参与海洋执法，包括环境部、移民局、海关总署、海军和警察局等。根据印尼的相关法律，印尼海军负责在领海以外水域包括整个专属经济区进行监视和执法，以及根据1995年《联合国鱼类种群协定》对公海上悬挂印尼国旗的渔船进行监视和执法。

表2-2　参与执法活动的中央政府机构和军警部门①

序号	机构	职责	法律
1	国家海洋安全协调机构	协调印尼的海事执法活动	1972年合作法令
2	海洋事务与渔业部	负责渔业管理，确保印尼渔民和外国渔船的遵守； 控制非法捕鱼； 防止进口受感染的海洋物种	1985年第9号法案 1992年第16号法案
3	林业部	保存、保护和利用海洋生物多样性及其生态系统； 建立海洋保护区； 濒危野生动植物种国际贸易公约的管理权力	1999年第41号法案 1990年第5号法案 1994年第5号法案
4	能源和矿产资源部	防止采矿活动对印尼海洋和沿海地区的负面影响	2001年第22号法案 1967年第11号法案
5	教育部	保护海洋和沿海地区的文化资料	1992年第5号法案
6	交通部	管理印尼的航运活动； 为国内外船舶建立航道； 进行搜救； 防止漏油造成海洋污染	1992年第21号法案

① Dirhamsyah："Maritime Law Enforcement and Compliance in Indonesia：Problems and Recommendations"，*Maritime Studies*，2005.

序号	机构	职责	法律
7	环境部	监测海洋污染； 保存和保护印尼所有领海及其领土、专属经济区和大陆架以外区域的海洋环境和生态系统	1997 年第 23 号法案
8	海军	仅在领海以外的地区，包括专属经济区和大陆架执法	1983 年第 5 号法案 1985 年第 9 号法案 1990 年第 5 号法案 1992 年第 21 号法案 1997 年第 23 号法案 2002 年第 2 号法案
9	空军	在印尼所有领海和其领土以外的区域，包括专属经济区和大陆架进行空中监视	1982 年第 20 号法案
10	海上警察	在内水和近海水域执法	2002 年第 2 号法案 1991 年第 8 号法案 1981 年第 8 号法案 1951 年第 12 号法案
11	移民局	控制个人进入印尼	1992 年第 9 号法案
12	海关总署	管制非法药物和非法货物的进口	1995 年第 10 号法案

备注：其他相关法案包括：关于刑法的 1981 年第 8 号法案；关于印尼警察的 2002 年第 2 号法案，以及关于司法权的 2004 年第 4 号法案。

  印尼在 2005 年就成立了海上安全协调委员会（Maritime Security Coordinating Board），重组海军、警察、交通与海关等涉海安全部门，加强海上执法和维护海上安全。在 2014 年佐科政府提出"全球海洋支点"（也称"世界海洋轴心""海洋轴心"）构想之后，海洋意识的再度加强促使佐科政府持续重构涉海部门，设立了海事统筹部。该部是佐科内阁的新设部门，统筹海洋事务及渔业部、旅游部、交通部、能源矿业资源部四个部门；主管兴建码头、建造船只、发展国内外海运、开发岛屿成为旅游区、加强海域边界的防御、开发海上油矿等与海洋有关的事务，并协助渔业发展，而与外交部、国防部也存在职能交叉。由此来看，由于涉海安全的综合性，改变涉海部门的多头管理是新兴国家加强涉海部门重构的方向，而相比印尼海上安全协调委员会，海事统筹部则承担着海洋经济发展与海上安全建设等多重职能，成为印尼实现海洋强国和加强海洋安全治理的最重要驱动力量。①

印尼海上警察成立于1950年12月1日，其宗旨是以一种现代的方式在印尼水域范围内执行法律，维护社会发展安全与秩序，获得社会的信任。印尼海上警察的任务为：保护印尼水域内的私人和社会的生命、财产和人权；维护社会运行所需要的法律的确定性、秩序、和谐、和平与正义，以达到物质和精神上的福利；增加在印尼水域内从事商业、工作活动及其他活动的社会、商业圈/私营部门/社区的知识、意识及法律合规性；根据现行的法律法规，对印尼水域内发生的事件进行检查和调查；预防自然灾害的影响，为海上事故（搜救）提供协助；通过警方活动确保海上运输安全。印尼海上警察的职能为：全面管理、开发和提高印尼海上警察的能力；为水域执法提供情报和进行调查；使用警用船只对水上公共活动进行巡逻和护卫；为地区的海上警察提供援助和支持；协调、控制、执行由中央或国际警察部门执行的任务；与国际或国家机构在业务领域开展合作和培训；在发生事故和自然灾害后进行搜救；指导社区治安等。印尼海上警察组织包括中央本部和33个地区机构，本部人员1920名，33个地区机构人员共计5388名，全国海上警察共计7308名。②

印尼海上执法的主要方式是海上巡逻和空中监视，空中监视飞行由印尼空军执行，重点是印尼专属经济区和群岛海道。在内水和领海内，海上巡逻有两项不同的重点任务。第一项重点任务是监测、控制和监视渔业活动，该行动由海洋事务与渔业部的海洋资源和渔业管理总局、海军和海上警察执行。第二项重点任务是监测、控制和保护海洋生物多样性，保护海洋公园和环境。这项任务由林业部的森林和自然保护总局实施，并得到印尼海军和海上警察的支持。印尼有关机构也在领海之外和专属经济区进行海上巡逻，重点是维护国家主权和打击其他非法活动，如走私、海盗和非

---

① 葛红亮：《新兴国家参与全球海洋安全治理的贡献和不足》，载《战略决策研究》，2020年第1期。
② 印尼海上警察的数据由印尼海上警察官员 Harri Sindu Nugroho 在2017年提供。

法捕鱼。空中监视是海上执法中的一项重要活动，但是由于缺乏综合执法安排，包括缺乏国家综合空中监视系统，导致印尼的空中监视往往无效。一是因为空中监视收集的数据和信息尚未被政府机构（如海洋事务与渔业部）正确使用；二是由于缺乏资金和基础设施，空中监视行动次数有限。沿海和海洋地区的大多数执法工作都是通过海上巡逻进行的，空中监视仅适用于紧急情况，如海上安全行动、搜救、对非法外国渔民和海盗实施紧追。

三、印度尼西亚海岸警卫队

沿海国家设立海岸警卫力量的做法是联合国针对海上安全提出的建议，1991 年联合国秘书长关于海洋法的报告提出，关于航海和海上生命及财产的安全问题，很多国家采取的一项措施是建立并加强负责这些地区的机构，主要是采取海岸防卫队的方式负责这些地区。①

2014 年年底，印尼总统佐科将海事安全局（Indonesian Maritime Security Agency）（BAKAMLA）提升为海岸警卫队（Coast Guard）②，其成员部分由海上警察转任。印尼成立海岸警卫机构的重要意义在于：

一是适应海洋管理。一直以来，印尼海上执法面临许多问题，主要为：资金不足，缺乏设备，缺乏受过培训的人员，缺乏完整的法律法规，监管机构和执行机构之间缺乏协调，缺乏环境意识，司法制度缺陷，广泛的海事管辖权。③ 印尼是群岛国家，岛屿众多、海岸线长、管辖海域面积广大。此外，印尼东临太平洋，西临印度洋，海上地理位置十分重要，其海洋战略意义也就此凸显。印尼的苏门答腊岛与马来半岛扼守有"海上生命线"之

---

① 1991 年联合国大会第 46 届会议秘书长关于海洋法的报告：《获得〈联合国海洋法公约〉的利益：根据各国在开发和管理海洋资源方面的需要而采取的措施，以及进一步行动的方法》第 162 段，联合国文件 A/46/722。

② Evan Laksmana. Indonesia as "Global Maritime Fulcrum"：A Post - mortem Analysis, 2019, https：//amti. csis. org/indonesian - sea - policy - accelerating.

③ Michael De Alessi, "Archipelago of Gear：The Political Economy of Fisheries Management and Private Sustainable Fisheries Initiatives in Indonesia", *Asia and the Pacific Policy Studies*, 2014.

称的马六甲海峡，每天通过船只 3000 多艘。对于印尼这个海岛国家而言，更是有 90% 以上的国际贸易商品要经过海路运输。印尼作为世界上最大的群岛国家，其领海内有大量的渔业、油气等海上资源。其中，可开发的海洋资源包括四大类：渔业等可再生资源，石油、矿产等不可再生资源，潮汐能等可再生能源，以及可供旅游开发、教育科研等的资源。勘探调查表明，印尼蕴藏的海洋资源十分丰富，但是目前只有不足 10% 的资源被真正开发出来。除印尼蕴藏的海洋资源可给国家带来巨大的经济福祉外，海洋建设对于印尼的国家安全保障更为重要。这些都使得印尼海上管辖事项众多且复杂重要，对海上管理要求更高。

二是落实打击非法、不报告和不管制（IUU）捕捞渔船的港口国措施。打击 IUU 捕捞活动是近年来国际渔业管理领域的重要议题之一。联合国粮食及农业组织《关于预防、制止和消除非法、不报告和不管制捕捞的港口国措施协定》已于 2016 年正式生效，各国和各渔业组织已普遍将港口措施作为打击 IUU 渔业活动的一项重要手段。该措施协定第 11 条规定：若某船舶已进入缔约方某一港口，缔约方应根据其法律法规并参照包括本协定在内的国际法，拒绝该船舶利用其港口对鱼品进行卸货、转运、包装和加工，和使用其他港口服务，特别包括加燃料和补给、维修和进坞，如果：（a）缔约方发现该船舶不具有船旗国所要求的有关从事捕鱼或与捕鱼相关活动的有效适用授权；（b）缔约方发现该船舶不具有沿海国所要求的有关在该国管辖水域从事捕鱼或与捕鱼相关活动的有效适用授权；（c）缔约方有证据说明在沿海国管辖水域内，船上渔获物违反了该国的适用要求；（d）船旗国没有应港口国所提要求在合理的时间内确认渔获物是按照相关区域渔业管理组织的适用要求而捕获的，并考虑第 4 条第 2 款和第 4 条第 3 款的规定；（e）缔约方有适当理由相信该船舶在相关时间内从事非法、不报告和不管制捕鱼或支持此类捕鱼的相关活动，包括支持第 9 条第 4 款所指船舶的活动，除非该船舶能够证实：其活动与相关养护和管理措施相一致，或就提供人员、燃料、渔具及其他海上物资而言，接受供应的船舶在提供上述物资时不属于第 9 条第 4 款所指船舶。只有拥有足够设施、大量的巡逻船以及适当的合格人员来检查违反渔业法的行为的港口国才能履行这些义务。① 考虑到印尼是一个海洋面积较大的国家，也是印度洋金枪鱼委员会（IOTC）、南部蓝鳍金枪鱼养护委员会（CCSBT）②和中西太平洋渔业委员会（WCPFC）成员国③，因此需要开发渔港和建设国家巡逻队，以便印尼有效解决国家水域范围内和范围外的 IUU 捕捞问题。④

三是建设海洋轴心以及与邻国合作。2014 年 11 月 13 日，印尼总统佐科在缅甸内比都东亚峰会上提出了印尼建设世界海洋轴心的理论，并表示加强海上防卫力量，不仅为维护海洋主权和财富，还要保障航运和海上通道安全。佐科海洋愿景的一个支柱是加强与邻国的合作，消除在诸如鱼类偷捕、侵占、边界争端、海盗和污染等问题上发生冲突的可能性。⑤ 但任何维护海上安全的努力都不能仅仅依靠建设印尼海军，因而，印尼计划优先建立一支现代化的海岸警卫队，以便加强与邻国相同机构的执法合作。

① 2019 年 1 月 10 日，中国农业农村部与外交部并商公安部、交通运输部、海关总署、国家市场监督管理总局，推动落实打击 IUU 渔船的港口国措施。其中，拟将我国加入的 7 个区域渔业组织公布的共 247 艘 IUU 渔船名单通报国内各口岸，将其列入布控范围，防止其进入我国港口，拒绝此类渔船在我国港口进行加油、补给、维修和上坞等，拒绝其所载渔获物在我国港口卸货、转运、包装、加工等。同时，农业农村部已将上述渔船名单通报国内有关渔港监督管理部门，防止这些渔船进入我国渔港。目前，我国已经先后加入了养护大西洋金枪鱼委员会、中西太平洋渔业委员会、美洲间热带金枪鱼委员会、印度洋金枪鱼委员会、南太平洋渔业管理委员会、北太平洋渔业委员会和南极海洋生物资源养护委员会等共 7 个区域渔业管理组织，并按照各组织要求履行相关义务，合理利用海洋渔业资源，促进我国远洋渔业在现有国际渔业管理框架下健康发展。http：//www.yyj.moa.gov.cn。

② 南方蓝鳍金枪鱼是世界上最大的硬骨鱼，生活在整个南部海洋，主要是南纬 30°—50°。南方蓝鳍金枪鱼在印尼水域繁殖，然后在澳大利亚南部海岸沿海水域生长，成熟后游向更深的水域。被大量捕捞后，南方蓝鳍金枪鱼已濒临灭绝。1994 年，澳大利亚、日本和新西兰签署了企图遏制这一物种过度捕捞的《南方蓝鳍金枪鱼保护公约》。南方蓝鳍金枪鱼保护委员会也随之形成。该委员会的目标是通过管理措施，包括减少捕捞配额和研究，以确保全球的南方蓝鳍金枪鱼渔业的养护和最佳利用。

③ 印尼 2009 年 11 月 22 日签署，2016 年 6 月 23 日批准《关于预防、制止和消除非法、不报告和不管制捕捞的港口国措施协定》。http：//120.52.51.17/www.fao.org。

④ Michael De Alessi，"Archipelago of Gear：The Political Economy of Fisheries Management and Private Sustainable Fisheries Initiatives in Indonesia"，*Asia and the Pacific Policy Studies*，2014.

⑤ Syofyan，Donny，"Priorities of Australian-Indonesian military cooperation"，*Asia Pacific Defence Reporter*，2014.

四、印度尼西亚海上执法存在的问题

尽管印尼有较为全面的沿海和海洋资源管理法律，但非法行为仍大量存在，尤其是非法捕鱼活动几乎存在于印尼所有的沿海地区。例如印尼执法部门存在严重的腐败，印尼的腐败问题可以说是一个历史问题，而社会对这一问题已经是一种习以为常的态度。[①] 腐败造成滥用船舶临时登记证书或通过欺诈性文件获得许可证，如假的船舶适航证书和登记证书。然而，这些问题只是海上执法面临的诸多困难中的一小部分，此外，还存在以下诸多问题。

图 2-1　2011 年澳大利亚向印尼警察提供的巡逻艇[②]

第一，海上执法成本高昂，执法机构资金、人员和设施缺乏。在印尼，海洋执法职能分散在海军(用于海上安全和防御)、警察(用于打击海上犯罪行为和暴力)、海洋事务与渔业部(渔业保护和管理)、林业部(用于海洋保护区)、交通部(海上安全、救援、打捞和溢油清理)、海关总署(反走私)和

---

①　余珍艳:《"21 世纪海上丝绸之路"战略推进下中国—印度尼西亚海洋经济合作:机遇与挑战》，载《战略决策研究》，2017 年第 1 期。

②　图片来自 Australian Maritime Digest, 1 February 2012。

环境部(海洋污染控制)。每一个机构都有自己的执法队伍,这导致了高昂的成本。大多数政府执法机构的资金有限,许多执法机构缺乏用于培训和教育的资金,无法进行基础培训以提高其人员的能力;因为无钱支付适当的工资,也难以吸引受过培训或专业的人员。设备短缺既是印尼海军和林业部面临的问题,也是海洋事务与渔业部面临的难题。根据传统军事装备需求评估,印尼海军要在印尼管辖范围内进行有效的海上巡逻,至少需要300艘大小船只,但目前远远不足。作为印尼预防和保护海洋生物多样性的主要机构之一,林业部由于缺乏资金、设施和人员,在其管理的大多数海洋保护区,包括海洋国家公园、海洋娱乐公园、海洋和湿地野生动物保护区,也因缺乏执法资源而蒙受损失,执法不力导致许多海洋保护区出现非法捕鱼行为。2005年,印尼海洋事务与渔业部只有9艘巡逻船,远不足以提供有效的海上巡逻。要全面巡逻印尼广阔的渔业水域,海洋事务与渔业部至少需要90~100艘巡逻船,而海洋事务与渔业部每年只能建造5艘巡逻船,要达到100艘至少需要将近20年时间。目前,印尼接收了日本、澳大利亚等国捐助的执法船,与韩国海警进行过海上联合演习,海上警察局派员到美国、澳大利亚进行培训。[①]

第二,沿海和海洋资源管理法律法规存在漏洞,缺乏整合。例如,法律禁止使用有毒、爆炸物或其他非法捕鱼工具。根据新的渔业法规定,非法捕鱼者必须在进行该行为时被抓获,才能构成犯罪。因此,犯罪的渔民看到巡逻艇驶近,只需将他们的非法装备或拖网扔到水下,等待巡逻艇离开该区域后继续从事非法活动。一个常见的问题是印尼渔业公司与外国同行串通违反法律,包括将外国渔船的法律地位改为悬挂印尼国旗的渔船。据估计,在获得印尼专属经济区捕捞许可证的7000艘悬挂印尼国旗的渔船中,70%属于外国人所有。[②]

第三,各执法机构之间缺乏协调机制和沟通。由于缺乏明确的职责划

---

① 印尼海上警察官员 Harri Sindu Nugroho 在 2017 年口述提供。

② Dikdik Mohamad Sodik: "IUU Fishing and Indonesia's Legal Framework for Vessel Registration and Fishing Vessel Licensing", *Ocean Development & International Law*, 2009.

分，导致工作重叠和重复，进一步削弱了执法机关之间的有效协调。

第四，缺乏环境和自然资源保护意识。虽然大多数地方政府官员能理解可持续发展项目的必要性，但只有少数公众关注海洋环境项目的实施。公众对海洋环境缺乏认识和知识，导致海洋和沿海生态系统的退化。

第五，需要监测和执法的地理区域广阔。印尼海域丰富的渔业资源对某些渔民包括外国渔民的吸引力极大，从亚齐北部水域、纳土纳海、苏拉威西海、印度洋南部海域、马鲁古海域一直延伸到巴布亚附近的阿拉弗拉海域，本地和外国渔民利用了印尼执法船只和监控力量不足的弱点，通过各种手段非法捕鱼。[①]

还有一个重要的问题，就是 21 世纪初期印尼海域的非传统安全威胁因素增多，海盗、恐怖主义、海上极端暴力和偷渡、贩毒等海上犯罪活动日益活跃，对印尼的海上安全构成了现实的威胁，并引发了国际社会的高度关注。在这些问题中，海盗问题尤为突出，2008—2014 年间，印尼海域的海盗攻击数量不断上升，2013 年竟高达 90 起。但是印尼海洋安全巡防力量非常薄弱，经常面临人员有限、经费短缺、执法装备不足的困境，所能做到的极其有限，"只是停留在群岛水域、领海和内水范围内执行监控武备和货物走私、海上毒品交易和人口贩卖活动，在有限范围内对破坏海洋环境及渔业和旅游资源行为监管的水平上，根本无法胜任有效打击海盗和海上武装抢劫的任务"[②]。例如马六甲海峡海上安全问题，尽管同 21 世纪第一个 10 年相比，马六甲海峡犯罪活动数量已经大幅下降，但在 2016 年和 2017 年，这一数字又略有回升；背后的现象是印度尼西亚、马来西亚、新加坡和越南海域一系列海上犯罪事件的普遍增多。[③] 面对日益增多的海洋非传统安全威胁的挑战，印尼的海洋安全执法需求与现实能力不足的矛盾不断上升，从而使东南亚海洋运输航线存在安全隐患，影响东亚经济的增长与

---

① 彭燕婷：《印度尼西亚建设"世界海洋轴心"战略和对南海争端的态度》，载《南洋资料译丛》，2015 年第 1 期。

② 冯梁：《亚太主要国家海洋安全战略研究》，北京：世界知识出版社，2012 年，第 200 页。

③ 托马斯·丹尼尔：《影响马来西亚海上安全政策与立场的诸问题》，载《南洋资料译丛》，2018 年第 3 期。

繁荣。

从第二个长期发展规划(1993—2018 年)开始，印尼海洋发展面临新的任务。作为经济战略的重要组成部分，中央和地方政府都更加重视海洋和沿海资源的开发。印尼第二个 25 年长期发展规划确立的海洋发展目标是：实现印尼领土主权和群岛水域的国家管辖权；利用科学技术，最大限度地开发海洋潜力，在国家、私营部门和合格、专业、发展良好的人力资源相互合作基础上建立一个强大而先进的海洋产业；维护海洋生物环境的可持续性。①

虽然规划方法被认为最适合印尼，但并不一定能解决海洋综合管理的所有问题。例如，美国有海岸警卫队形式的综合海洋执法机构，但印尼长期没有类似的机构，海洋执法职能分散在海军、警察、农业部、林业部、交通部、海关总署和环境部。

2014 年 11 月 13 日，印尼总统佐科在缅甸内比都东亚峰会发表主题演讲，提出印尼建设世界海洋轴心的理论时表示②，未来海洋对印尼及全球的作用将越来越重要。作为横跨太平洋和印度洋的全球最大群岛国家，印尼有潜力成为世界海洋的轴心国家。他表示，海洋轴心涉及五个主要领域。一是重建印尼海洋文化。作为一个由 1.7 万多个岛屿组成的国家，其发展、繁荣和未来都与如何管理和发展海洋息息相关。二是维护和管理海洋资源。重点是通过发展渔业，建设海上食品基地，并为包括渔民在内的印尼民众带来福祉。三是构建海上高速公路。通过兴建现代化港口、提升海上运输等物流网络、发展海洋旅游等方式，提高印尼基础设施建设和互联互通发展水平。四是发展海洋外交。通过邀请其他国家参与海洋领域合作，减少和消除非法捕捞、侵犯主权、领土争端、海盗、海洋污染等海上纠纷和冲突。五是加强海上防卫力量。作为横跨两洋的海洋国家，印尼有必要也有责任建立强大的海上防御力量，不仅维护海洋主权和财富，还要保障航运

---

① Arifin Rudiyanto, "Marine and Coastal Management in Indonesia: a Planning Approach", *Maritime Studies*, 1999.

② 《印尼总统佐科在东亚峰会上提出海洋轴心理论》，http://www.mofcom.gov。

和海上通道安全。佐科表示，五个领域是其未来五年执政的关注焦点，期待将印尼建设成为 21 世纪繁荣、强大、可信赖的海洋强国。

2017 年 2 月 20 日，佐科总统发布了第 16 号总统条例《印度尼西亚海洋政策》。条例规定：《印度尼西亚海洋政策》是关于印尼海洋政策的总体指导，通过各部委或非部级政府机构在海洋事务领域的计划和活动来实施，旨在加快"全球海洋支点"的实施。《印度尼西亚海洋政策》包含两部分，一是印尼海洋政策国家文件，二是印尼海洋政策行动计划。前者是政策文件本身，包含一个长期框架，后者是 5 年行动计划（2016—2019 年），详细说明政策中的每一点将如何实施。印尼政府长期以来因缺乏综合海洋政策和基于海洋的战略而受到批评，批评意见主要认为印尼政府在海事领域缺乏战略一致性、政治确定性和制度稳定性。新政策文件是所有与海洋事务有关的不同部委和机构的政策指导，也是一份战略文件，描绘了印尼在地区和全球的利益和战略。①

在《印度尼西亚海洋政策》中，所有优先方案都以矩阵形式列出，明确了活动的类型、目标、预期产出、时间表、主管机构、其他相关机构和资金来源，明确阐述了海洋管理的重要方面，特别是在促进国家海洋经济、领土边界、执法和海洋环境保护方面的活动。尽管印尼采取进取之势，但仍面临不少挑战。内部治理问题，如打击贪污腐败和减少贫困依然相当艰巨，基础设施落后成为阻碍其经济社会发展的一大障碍。② 正如印尼科学研究所海洋学研究中心 Dirhamsyah 博士所言，印尼被认为是一个拥有良好法律的国家，但不幸的是，这些法律没有得到有效实施。③ 因此，现在印尼海洋管理和海上执法面临的主要问题是对现有框架和活动进行整合和协调。

---

① Shafiah F. Muhibat, "Indonesia's New Ocean Policy：Analysing the External Dimension", *Maritime Affairs*：*Journal of the National Maritime Foundation of India*, 2017, Vol. 13, No. 2.

② 戴维来：《印度尼西亚的中等强国战略及其对中国的影响》，载《东南亚研究》，2015 年第 4 期。

③ Dirhamsyah, "Maritime Law Enforcement and Compliance in Indonesia：Problems and Recommendations", *Maritime Studies*, 2005.

五、印度尼西亚港口管理

除海上恐怖主义和海上武装抢劫外，印尼还面临许多其他安全挑战，如非法捕鱼、走私、人口贩运①，这也对印尼港口安全管理带来影响。纵观历史，世界各地的港口都容易发生非法活动。国家的崛起、海上交通的增加，或者说，全球化也促进了港口的非法活动，特别是人口和货物的非法贩运和走私。例如，勿拉湾港的港口安全威胁就包括海盗、盗窃、海上恐怖主义、非法走私和贩运以及自然或工业灾害。

勿拉湾港位于印尼西北部苏门答腊岛东北沿海的纽纳恩河口，濒临马六甲海峡西北侧，是苏门答腊的主要港口之一，也是印尼棕榈油、橡胶及咖啡的第二大输出港。港区主要码头泊位有9个，岸线长2187米，最大水深10米。主要出口货物有橡胶、棕榈油、咖啡、烟草及茶叶等；进口货物主要有大米、面粉、化肥、石油和水泥等。

虽然有大量的政府机构负责港口安全(表2-3)，但是政府机构之间缺乏合作和协调，导致出现了一系列问题。印尼当局、学者以及在港口工作的当地人和外国人，都注意到了合作缺乏以及由此导致的港口安全不足。②一些外国投资者，如航运公司的代表，尤其关注非法活动和安全漏洞，如未经授权进入安全区域、货物装卸延迟等。考虑到印尼港口的安全，私人保安公司也被雇用来帮助解决这个问题。各种类型的非国家行动者活跃在勿拉湾港，其中主要是非政府组织和外国协会，最突出的是日本基金会，它是一个非营利性的日本慈善组织，成立于1962年，主要为港务局提供资金和物质帮助，同时还为警卫和其他港口保安人员提供培训。但事实上，许多安全措施并不有效或缺乏执行，其漏洞很容易被任何到港的人员发现。

---

① Moudgil, Surbhi, "Maritime Security and Indonesia: Cooperation, Interests and Strategies", *Maritime Affairs: Journal of the National Maritime Foundation of India*, 2018, Vol. 13, No. 2.

② Alban Sciascia, "Monitoring the Border: Indonesian Port Security and the Role of Private Actors", *Contemporary Southeast Asia*, 2013, Vol. 35, No. 2.

例如，任何驾驶昂贵汽车的人都可以在白天进入港口，而无须出示身份证明；尽管港口的国际集装箱码头要求人员至少在纸面上符合《国际船舶和港口设施保安规则》（International Ship and Port Facility Security，ISPS）标准①，但实际上人员很容易从便于通过的国内码头进入国际码头。

表 2-3　印尼港口安全机构②

机构	机构简称	所属部门	港区责任
海军	TNI-AL	国防部	海洋主权
海上警察	POLAIRUD	内政	领海执法
警察（区级）	POLRES	内政	港口安全（2004 年起）
海岸警卫队	KPLP	交通部	港口和沿海地区安全
海关	BeaCukai	财政	缉私
移民局	Imigrasi	法律与人权	边境保护

此外，尽管有许多安保人员，但港口仍然缺乏合格的安保人员来操作技术设备。例如，勿拉湾港口没有 X 光和集装箱筛选设备，这是美国 2002 年集装箱安全倡议（CSI）推行的一项措施。虽然有 30 台闭路电视摄像机在港口运行，但其中一半是在建筑物内，而且，保安人员不知道如何操作。

港口安全对印尼的国家安全和经济发展至关重要，但威胁国家安全的非法活动在印尼全国各港口普遍存在，包括走私货物、武器和人员。尽管如此，印尼政府对在爪哇岛以外的航运和海事设施的有效开发、管理和安全方面只显示出有限的兴趣，印尼爪哇岛之外最繁忙港口勿拉湾港的安全案例就清楚地表明了这一点。

---

① 《国际船舶和港口设施保安规则》（ISPS）于 2002 年 12 月在伦敦召开的国际海事组织海上保安外交大会通过，2004 年 7 月 1 日生效。ISPS 对港口设施的要求是：无论是船舶还是港口设施，需要采取的保安措施包括人员进入船舶或港口设施、船上或港口设施内的限制区域、货物装卸、船舶物料交付、非随身携带行李的装卸，以及监控船舶和港口设施的保安。https：//baike. so. com。

② Alban Sciascia，"Monitoring the Border: Indonesian Port Security and the Role of Private Actors"，*Contemporary Southeast Asia*，2013，Vol. 35，No. 2.

第三章 印度尼西亚海洋渔业管理

一、印度尼西亚国内渔业生产与管理

印尼广阔的海域包含许多资源，但没有一种资源比渔业资源更重要。印尼国民平均动物蛋白质摄取量的60%以上由鱼类提供，鱼类也是该国绝大多数人口唯一负担得起的蛋白质来源。在印尼，如同东南亚的其他地方和许多其他热带发展中国家一样，渔业部门可以比作安全阀，吸收国民经济其他部门的剩余劳动力。① 此外，渔业产品作为出口收入来源，正变得越来越重要。

渔业是印尼国民经济主要产业之一，2010年印尼渔业出口创汇达60亿美元，2011年渔业产值占印尼国内生产总值（GDP）的3.5%。印尼是世界第七大渔业国，渔业产量仅次于中国、秘鲁、日本、智利、美国和印度。苏门答腊东岸的巴干西亚比亚是世界著名的大渔场，勿里洞沿海产海参，马鲁古群岛沿海产珍珠，马都拉岛沿海产海盐。政府正计划投入更多资源发展渔业，以振兴国内经济，应对全球日益激烈的渔业竞争压力，保持印尼的世界渔业大国地位。② 印尼海洋渔业资源丰富，有极大的发展空间。因此，印尼政府重视渔业，并从资金、技术和政策上推动渔业发展。经过多年的努力，印尼的渔业生产能力有了很大提高，近海捕捞技术成熟，远海捕捞量持续增加。2010年印尼鱼产量首次突破1000万吨，达到1083万吨，比前一年增长10.29%。2011年为1226万吨。2012年印尼海洋渔业产量达

---

① 但印尼的海洋区域与目前从业的渔民数量完全不对等，根据印尼国家统计局2003—2013年度人口普查显示，传统渔民人数从160万人下降到86.4万人。参见应霄燕，谢静岩：《印尼全球海洋支点战略的实施与展望——基于国家战略适应性的分析》，载《印度洋经济体研究》，2019年第6期。

② 吴崇伯：《中国—印尼海洋经济合作的前景分析》，载《人民论坛·学术前沿》，2015年第1期。

1526 万吨，超过 1487 万吨原定目标，创历史新高。其中，海洋捕鱼 581 万吨，增长 7%；海水养殖鱼产量 945 万吨，增产 35%。[①] 2013 年，印尼渔产品捕捞产量达 1956 万吨，其中，海水养殖产量 1370 万吨。2015 年渔业生产指标 2239 万吨，比 2010 年的产量提高 106%。2016 年上半年，印尼海洋渔业产品出口量比上年同期提高了 7.34%，达到约 55.27 万吨；出口总额亦同比增长 4.28%，达到 20.9 亿美元。但是受捕捞设备和技术落后的影响，印尼不论是海洋捕捞业还是水产养殖业的发展均比较缓慢，导致现有海洋渔业的生产规模尚未达到潜在生产能力的 30%。2016 年 2 月印尼海洋事务与渔业部公布的数据显示，在印尼现有的 62.56 万艘海洋捕鱼船中，30 总吨以上的船只仅占 1.23%，这说明印尼绝大部分的水产品是由渔民使用传统的手工方法捕捞的。在大约 450 万公顷可供利用的养殖水面中，目前已被开发的仅为 2%。[②]

近年来，印尼的海洋经济也一直处于快速发展，目前印尼的海洋资源收入约占其国内生产总值的 22%，而且仍有高达 90%的海洋资源没有被开发，海洋和渔业已成为印尼具有巨大潜力的领域。[③]

印尼捕捞的水产品除部分内销外，很大一部分出口国外市场。主要出口地为新加坡、马来西亚、日本，中国的香港和台湾等，主要出口品种为金枪鱼类。1997 年印尼出口水产品约 50 万吨，金额 16 亿美元，到 2007 年增长到 81.43 万吨，金额 21.71 亿美元，出口量年均增长 16.7%，但出口额年均增长率只有 2.6%。2012 年前半年印尼水产品出口额 19 亿美元，比 2011 年同期增长 17.9%，出口量从 52 万吨增至 59.7 万吨，增长 14.5%。2011 年水产品出口额 35 亿美元，出口市场中，美国以 10.7 亿美元（占 30.4%）位居第一；其次是日本，为 8.06 亿美元（占 22.9%）；欧盟 4.59 亿

---

①　纪炜炜，阮雯，方海，等：《印度尼西亚渔业发展概况》，载《渔业信息与战略》，2013 年第 4 期。

②　王小明：《21 世纪海上丝绸之路建设对接当地发展研究——印度尼西亚视角》，载《国际展望》，2017 年第 4 期。

③　余珍艳：《"21 世纪海上丝绸之路"战略推进下中国—印度尼西亚海洋经济合作：机遇与挑战》，载《战略决策研究》，2017 年第 1 期。

美元(占 13.1%)。①

外部援助机构对印尼渔业政策的制定具有非常大的影响力。20 世纪 70 年代初,亚洲开发银行、世界银行和日本政府向印尼政府提供了 1300 多万美元贷款,以支持建立四家准国营企业开发金枪鱼出口市场。在 20 世纪 70 年代中后期,亚洲开发银行和世界银行向印尼渔业部门提供信贷,用于建造新的拖网渔船,以及改进渔港、制冰厂和其他必要的基础设施。联合国粮食及农业组织在印尼建立了一所培训船长、机械师和渔具专家的学校,以支持快速增长的资本密集型渔业企业。1974—1983 年间,为印尼渔业发展提供的外部援助总计 2.073 亿美元,其中几乎一半来自亚洲开发银行。除这些官方援助项目外,外国投资者(主要是日本投资者)还投资 6450 万美元与印尼同行建立合资公司。②

印尼的海洋渔业管理包括三个主要组成部分:全国特定区域的渔业捕捞产量限制;近岸和近海水域内的地理限制(基于船舶尺寸);以及为个别船舶和生产设施颁发许可证。印尼全国海域分为 11 个渔业资源管理区,对于每个地区,中央政府根据最高可持续产量制定总可捕量限制。在基于船舶尺寸的地理限制方面,政府监管船舶如下:只有 5 总吨或以下的船只才能在海岸线 3 海里范围内捕鱼;超过 25 总吨的船只不得在海岸线 4 海里范围内捕鱼;超过 100 总吨的船只不得在海岸线 5 海里范围内捕鱼。根据 2002 年第 54 号法规(取代 1990 年第 15 号法规),所有船只均须登记、认证,并持有航行许可证及渔业经营许可证。小型捕鱼作业不受此要求的限制。超过 30 总吨的船舶由交通部颁发许可证;10 ~ 30 总吨(且电机功率不超过 66 千瓦)的船舶由省级政府颁发许可证;10 总吨以下、3 总吨以上的船只由县市级政府颁发执照;小于等于 3 总吨的船舶不需要执照。

从渔船监测来看,印尼有一个三级渔业管理体系。超过 30 总吨的船只

---

① 韩杨,曾省存,刘利:《印度尼西亚渔业发展趋势及与中国渔业合作空间》,载《世界农业》,2014 年第 5 期。

② Conner Bailey,"The Political Economy of Marine Fisheries Development in Indonesia",*Indonesia*,1988.

由国家颁发许可证，必须在距离海岸 12 海里以外捕鱼。各省规定的捕鱼范围从 4 海里到 12 海里，其中许可的渔船从 5 总吨到 30 总吨不等。在近岸地区，小规模捕鱼(小于 5 总吨)船舶是县市级政府的管理责任，5 总吨以下的船只须注册，而不用许可证。印尼的大多数渔民都是小规模的近岸渔民，通常为维持生计或为当地的小市场而捕鱼。因此，印尼的大部分捕鱼船只都很分散，难以监测。再加上印尼复杂的地理环境、人口众多和普遍的贫困，国家对海洋环境的监测和执法力度也微乎其微。2010 年，印尼海洋事务与渔业部估计印尼的渔民数量为 260 万，渔船数量为 57.082 7 万艘。而 2007 年对印尼东部阿拉弗拉海的一项研究估计，仅在该地区就有超过 100 万吨的非法未报告捕获量。另一项调查发现，在印尼水域捕鱼的外国拖网渔船报告的捕获量仅为 30%。[①]

2004 年，第 31 号渔业法取代了 1985 年第 9 号渔业法。该法一方面用大量总体性指导措辞表明政府对渔业保护和可持续发展的决心；另一方面，它建立了一系列的项目来增加和改进捕鱼工作。[②] 这说明决策者分为两个阵营，一方认为印尼渔业欠发达，具有相当大的增长潜力，并有机会进行重大投资，以改善基础设施和鼓励渔业生产；另一方认为渔业已经被过度开发，迫切需要减少捕鱼活动，并将重点放在主要海洋区域的保护上。根据 2004 年第 32 号法律，各省和县市均被赋予其海洋区域广泛而明确的管理权限[第 18(1)条]，授权领域包括海洋资源的勘探、开发、养护和管理，空间规划以及法律的执行[第 18(3)条]。2004 年第 32 号渔业法提高了对执法和审判的重视程度，设立了专门处理违反渔业法行为的法庭，为特定部门内的案件提供专门的审判场所，目标是提供比过去更迅速、透明和诚实的判决。印尼渔业法的变化见表 3-1。

---

① Michael De Alessi, "Archipelago of Gear: The Political Economy of Fisheries Management and Private Sustainable Fisheries Initiatives in Indonesia", *Asia and the Pacific Policy Studies*, 2014, Vol. 1, No. 3.

② Jason Patlis, "Indonesia's New Fisheries Law: Will it Encourage sustainable Management or Exacerbate over-exploitation?", *Bulletin of Indonesian Economic Studies*, 2007, Vol. 43, No. 2.

表 3-1　印尼渔业法的变化

法律	内容
1999 年第 392 号农业部令	管理渔业并将印尼水域划分为四类渔业带： 1A 类渔业带：适用于小规模渔民（小于 10 米的渔船），0~3 海里； 1B 类渔业带：适用于小规模渔民（但允许较大的船只），3~6 海里； 2 类渔业带：用于中间渔民（允许配备发动机的较大的船），6~12 海里； 3 类渔业带：大型商业捕鱼，12~200 海里
1999 年第 22 号"分权法"	将海洋和沿海资源的近岸管理权移交给省和区政府； 将县市边界设置为距海岸 4 海里，省界设置为距海岸 4~12 海里①； 允许将习惯法和地方领土权纳入地方政府政策
1999 年第 136 号总统法令	成立海洋事务与渔业部（渔业以前隶属于农业部）
2004 年第 31 号渔业法	国家级渔业和水产养殖条例； 12 海里以外的所有渔业和 30 吨以上的所有船只均由国家政府管理； 除小规模渔民外，所有渔船和业务必须获得许可证； 将小规模渔民定义为"依赖渔业维持日常需要的人"； 对小规模渔民的援助，包括认可传统渔业机构（但不是正式的法律承认）
2004 年第 32 号"分权法"	替代 1999 年第 22 号法令； 进一步加强省级政府权威； 　第 18 条：明确县市政府有 4 海里内的海洋资源管理权，省政府有 4~12 海里内的海洋资源管理权
关于沿海地区和小岛屿管理的 2007 年第 27 号法律	海岸带管理； 在被称为 HP-3 的沿海水域建立特许权； 　特许权可授予个人（印尼公民）、adat 社区和私营部门，长达 20 年，可用于开采、保护和旅游业； 　特许经营不得损害沿海和小岛屿生态系统、传统社区可持续性以及自由航行； 需要进一步立法，明确如何授予特许权，以及谁有权授予特许权

① 印尼国内共划分为 33 个一级地方行政区和 440 个二级行政区县或市。参见韩杨，曾省存，刘利：《印度尼西亚渔业发展趋势及与中国渔业合作空间》，载《世界农业》，2014 年第 5 期。

续表

法律	内容
2011 年 6 月 16 日宪法法院裁决 3/PUU-Ⅷ/2010	废除了与沿海水域特许权(HP-3)有关的 2007 年第 27 号法律的所有规定，很大程度上是因为担心特许权法会违反宪法规定的"为了人民的最大福祉"管理自然资源的规定； 法院还决定，尽管法律中规定要保护传统生计，但该法还是偏重"企业家"和其他私人实体优先于社区的特许权
关于沿海地区和小岛屿管理的 2014 年第 1 号法律	海岸带管理； 设立沿海商业许可证，称为 izin lokasi； izin lokasi 如果在 2 年内不使用，可随时撤销，并仅限于以下活动：制盐，海洋药理学、海洋生物技术，使用海水(但不用于能源)，沿海旅游，管道、电缆敷设，沉船救助； izin lokasi 不得干扰传统生计和沿海资源的使用； 外国对沿海资源的投资必须包括公共准入，在 2007 年第 27 号法律中包括渔业准入

二、印度尼西亚打击 IUU 捕捞

印尼于 2009 年 9 月 28 日批准了《执行 1982 年 12 月 10 日〈联合国海洋法公约〉有关养护和管理跨界鱼类种群和高度洄游鱼类种群之规定的协定》。印尼认为，该协定确立了有关养护和管理鱼类种群的原则，其中规定应本着预防办法并以现有最佳科学信息为依据进行管理。该协定还发展了《联合国海洋法公约》中确立的一项基本原则，即各国应合作确保其专属经济区内外渔业资源的养护并促进实现最妥善利用那些渔业资源的目标。印尼非常关注非法、不报告和不管制(IUU)捕捞活动，它们威胁到鱼类种群资源的可持续性。此类捕捞活动是一个全球性问题，有损负责任的捕捞活动。它给养护和执行工作造成破坏，并扭曲出口市场的贸易和价格。有鉴于此，印尼欢迎联合国粮食及农业组织 2009 年 11 月 22 日通过的《港口国预防、阻止和消除非法、不报告和不管制的捕捞活动措施协定》。该协定确认各国享有主权权利，可在一些区域渔业管理组织所采取的现行措施基础上，决定哪些外国船只可进入其港口。显然，该协定的效力取决于它能否得到广泛的批准和实施。但是，印尼希望该协定有助于阻止通过非法、不报告和不管制的方式捕捞的鱼进入国际市场，从而消除导致一些渔民从事非法捕捞活动的重大诱因。①

印尼颁布了有关强制使用船舶卫星监控系统（Vessel Monitoring System，VMS）、使用航海日志、观察员方案及国家登船和视察计划的立法和法规，这些措施被认为是在专属经济区监测和控制渔业方面的一项重大成就。但从实际情况来看，有证据表明，印尼未能解决 IUU 捕捞问题，主要是由于有效的监测、控制和监视措施不足。现有的监测、控制和监视措施未能充分解决强制印尼船只在公海使用 VMS 的一系列问题，以及航海日志系统和登船、检查制度的不足。这些规定未满足《联合国海洋法公约》生效后国际渔业协定的要求。具体来说，完全没有授权政府官员拒绝外国船只入境的规定，也没有关于渔业观察员方案的充分规定。渔业管制人员数量有限，港口不足，也是造成 IUU 渔业问题的原因。印尼必须改善渔船活动的监测、控制和监视措施，以便在其国家管辖范围内外打击 IUU 捕捞。② 印尼打击IUU 捕捞活动的斗争也证实，这一威胁与各种形式的其他犯罪行为密切相关，特别是人口贩运、腐败和贩毒。因此，印尼呼吁各国共同努力，加强合作，以应对 IUU 捕捞活动以及其他相关跨国和有组织犯罪。③

官员腐败是造成印尼渔业管理、执法水平低下的重要原因。根据透明国际 2010 年的腐败指数，印尼在 178 个国家中排名第 110 位。印尼海洋事务与渔业部的一项审查发现，其管理渔业的方法更关注的是创收，而不是

①　2009 年联合国大会第 64 届会议第 56 次会议记录印尼代表布迪曼先生的发言，联合国文件 A/64/PV. 56。

②　Dikdik Mohamad Sodik，"Analysis of IUU Fishing in Indonesia and the Indonesian Legal Framework Reform for Monitoring, Control and Surveillance of Fishing Vessels"，*The International Journal of Marine and Coastal Law*，2009.

③　2019 年联合国大会第 74 届会议第 43 次会议记录印尼代表科巴先生的发言，联合国文件 A/74/PV. 43。

保护。[1]

　　另外在印尼，有毒药物的使用也比较普遍。例如，2012年，捕获的死石斑鱼每千克为1万~3万印尼盾，而一只颜色鲜艳、体重不到1千克的活石斑鱼可以卖到20万印尼盾或更多。这些高昂的价格导致了使用氰化物捕捞的问题，渔民潜水向鱼类喷射氰化钾使其晕眩，这一过程杀死了许多其他物种并破坏了珊瑚，而渔民却同时捕捉到多种高价值鱼类，并保证它们活着，尽管通常质量较低。使用氰化物捕捞在整个印尼都是非法的，但仍然普遍存在。[1]

　　据联合国粮食及农业组织数据，2014年印尼在世界海洋鱼类生产中排名第二，当年的捕获量达到600万吨，相当于世界海洋鱼类总产量的6.8%。由于印尼执法船只和监控能力不足，非法渔船盗窃了印尼的海洋资源。据印尼政府估算，每天在印尼海域作业的渔船约5400艘，其中90%都是非法的，预估每年造成印尼损失超过240亿美元。佐科政府上台后，以打击非法捕鱼为切入口，全面改革印尼的渔业管理、外交和国防，形成落实海洋国家战略构想的倒逼机制，促使相关部门依照该战略构想开展工作。佐科为了捍卫印尼的海洋主权，采取了比苏西洛时期更加强硬的措施，炸毁非法渔船。从2014年12月到2016年8月，印尼炸沉了236艘渔船(包括170艘外国渔船)，其中几艘船被打造成纪念遗址，印尼政府还计划在遗址旁建造国际海洋博物馆。由此，印尼海域的捕捞已下降30%~35%，从而使印尼的海洋鱼类储量从2013年的730万吨上升到2015年的990万吨。对非法捕鱼的严厉打击，提高了渔产贸易业绩，2016年上半年，印尼国内渔业产品出口比上年同期增长了7.34%。[2]

---

　　[1]　Michael De Alessi，"Archipelago of Gear：The Political Economy of Fisheries Management and Private Sustainable Fisheries Initiatives in Indonesia"，*Asia and the Pacific Policy Studies*，2014，Vol. 1，No. 3.

　　[2]　赵悦洋：《佐科政府时期印尼的中等强国海洋战略探析》，北京：外交学院博士论文，2017年。

三、印度尼西亚对外国渔船的管理

由于鱼类种群的分布、生境的联系和全球的贸易活动，东南亚地区的许多渔业问题本质上是跨界的。而东南亚地区有许多尚未解决的海上边界争端和对原地生物与非生物自然资源的所有权主张争议，加之非法捕鱼活动通常又跨越国界，这导致海上安全威胁，造成了更多的区域问题，加剧了许多国家之间现有的紧张关系。[1]

印尼水域关于外国渔业活动的相关法律框架，源自 1984 年第 15 号政府法规——关于印尼专属经济区的生物资源管理条例和 2004 年第 31 号渔业法。[2] 根据 1984 年第 15 号政府法规，外国船舶可根据双边协议获得捕捞许可证。2004 年第 31 号法律第 29(2)条也有类似规定，允许任何外国人士或任何外国法人在印尼专属经济区内捕鱼。印尼政府和船旗国之间的双边渔业协议是授予渔业营业执照前的一项要求，悬挂外国国旗的渔船也必须有捕捞许可证。

对于与印尼签订渔业合作协议的外国渔船，印尼海洋事务与渔业部规定，拟前往印尼 200 海里专属经济区作业的外国捕捞船只，只能通过三种方式作业：一是与印尼国内公司成立合资公司；二是与印尼国内公司合作以分期付款方式转让船只；三是申领外国渔船捕捞许可证。许可证申请可通过外交代理提交给海洋事务与渔业部部长。部长根据本国专属经济区内的可捕量、本国渔业利益和国际协定选择拒接或接受申请。凡获得在印尼专属经济区内作业捕捞许可证的外籍个人或法人团体须缴纳捕鱼费用。外籍船只按类型、吨位和捕捞区域收取的费用每年最多为 5 万美元。而建立合资公司或转让渔船，收取的费用仅为其 1/4。相较而言，印尼政府更倾向于外

---

① Robert Pomeroy, John Parks, Kitty Courtney, et al., "Improving marine fisheries management in Southeast Asia: Results of a regional fisheries", *Marine Policy*, 2016.

② Dikdik Mohamad Sodik, "IUU Fishing and Indonesia's Legal Framework for Vessel Registration and Fishing Vessel Licensing", *Ocean Development & International Law*, 2009.

国投资者在国内建立合资公司或转让渔船，从而推动国内水产品加工行业及其他相关产业发展，并创造更多的就业机会和条件。[①]

1984年第15号政府法规第14条、第15条和第16条包含了一系列旨在防止在印尼专属经济区内作业的外国船舶进行IUU捕捞的规定，包括强制性报告和观察员或渔业官员检查船舶。该法规定，外国渔船的船长在完成每一次捕捞航程后，必须在许可证上注明的港口或检查站向指派的官员报告。外国渔船还应接受指派的观察员或其他被授权在船上进行所有必要检查的官员。此外，一艘获得捕捞许可证的外国渔船必须指定一家印尼渔业公司代表其在印尼的利益。指定的印尼渔业公司将向捕捞渔业总局提交申请，要求向外国渔船颁发捕捞许可证。

渔业经营许可证持有人应当执行许可证规定的规则，每6个月向许可证提供者报告一次船舶的渔业经营活动。经授权的渔船只能按照《渔业营业执照》中规定的条件在印尼渔业管理区从事渔业业务。对不遵守规定条件的，可以吊销渔业经营许可证。2004年第31号法律第92条规定，对无渔业营业执照而从事捕鱼活动的处罚包括监禁8年、罚款15亿印尼盾（约9.8万美元）或两者兼有。

捕捞许可证持有人必须执行捕捞许可证中规定的规则，每3个月向许可证提供商报告一次船舶的捕鱼活动，以及遵守与渔业资源的监测和管制有关的规则。授权船只能在印尼渔业管理区内按照其授权捕鱼的要求进行捕鱼。2004年第31号法律第93(1)条规定，对无捕捞许可证捕鱼的处罚为6年以下有期徒刑和20亿印尼盾（约13万美元）罚款。

鱼类运输船执照持有人必须执行《鱼类运输船舶许可证》中预先规定的规则，每3个月向鱼类运输船舶许可证提供商报告一次该船舶的捕鱼活动，以及遵守与渔业资源的监测和管制有关的规则。个人或者法人不遵守许可证规定的，其鱼类运输许可证可以吊销。根据2004年第31号法律第94条规定，对未经授权运输鱼类的处罚为监禁5年，最高罚款15亿印尼盾（约

---

① 韩杨，曾省存，刘利：《印度尼西亚渔业发展趋势及与中国渔业合作空间》，载《世界农业》，2014年第5期。

9.8 万美元）。

　　跨境非法捕捞是东南亚最突出的海上安全问题之一。有关东南亚非法捕捞程度的准确估计尚不得而知，但 2009 年发表的一份全球研究报告可推断出总体水平。在这份报告中，东南亚水域分布在三个地区：东印度洋、西北太平洋和西中太平洋。这项研究表明，这三个地区估计的非法捕捞比例在世界上最高，2001—2003 年分别是 32%、33% 和 34%。这些估计间接地支持渔民和其他从事渔业人士的传闻，即东南亚国内和跨境非法捕捞是对海洋和资源安全的一个重大威胁，可能占所报告的渔获量的 1/3。除了偷猎其他国家的鱼群，非法捕鱼经常与其他非法活动有关，例如走私鱼、燃料和人口贩卖，海盗和绑架。因此，非法捕捞现在通常与不报告和不管制的捕捞结合在一起，在整个东南亚造成外交、领土、军事、粮食、渔业和环境安全威胁。解决非法越境捕鱼问题大有难度。一方面，由于非法、不报告和不管制的捕捞活动可能与其他非法活动纠缠在一起，负责处理非法捕鱼问题的国家机构往往缺乏有效解决这一问题的资源，它们自己甚至可能参与其中一些非法活动。另一方面，对尚未解决的领土和海洋管辖权主张，可能导致国家保护自己的越界渔民，并以极端的武力对待其他越界国家的渔民。2019 年 4 月 28 日，印尼海军发表声明，指责越南海岸警卫队 27 日冲撞其舰船，试图阻止印尼海军拦截疑在印尼海域非法捕捞的越南渔船。这起事件中，12 名越南渔民被印尼扣留，2 名被越南海岸警卫队救出，涉事渔船在碰撞中沉没。[①] 在出现问题时，东南亚国家传统上倾向于采取双边行动，而非多边行动，而且往往只采取"软"方式进行合作，比如联合研究。然而，随着问题的增多，他们开始采取步骤加强多边合作，出现了新的区域行动者来处理 IUU 和有关问题。[②]

　　佐科就任总统后，最受欢迎的海上相关政策是打击非法捕捞以及改革和改善相关政府机构和基础设施。渔业是印尼经济发展的重要组成部分，

---

　　① 与越南冲突后，印尼称将炸毁 51 艘非法捕捞外国渔船。http：//news. sina. com. cn。

　　② Williams，Meryl J.，"Will New Multilateral Arrangements Help Southeast Asian States Solve Illegal Fishing?"，*Contemporary Southeast Asia*，2013，Vol. 35，No. 2.

海洋事务与渔业部在打击非法捕捞和改善渔业方面的努力取得了积极的公众反馈，最明显的是"沉船"政策。[①]

2014 年 12 月 4 日，印尼军方按照总统"无须逮捕，直接沉没"的指示，炸沉了越南的三艘非法捕鱼船；随后对来自泰国、马来西亚、巴布亚新几内亚等国的非法捕鱼船只也相继予以扣押或炸沉。面对由此引发的国际舆论非议，印尼外交部没有退让，而是落实佐科总统的实用主义外交思路，不怕树敌，同时进行舆论反击，宣称印尼因非法捕鱼问题而受到了巨大损失，故其采取炸船等行动合法合理。对此，东南亚各国普遍感到，印尼在维护国家主权、加强海军建设方面，态度逐渐强硬，力度逐渐增加。这突出体现在佐科所下达的关于炸沉非法捕鱼船的指令。非法捕鱼是东南亚各国普遍面临的问题。为此，各国还就此达成通过对话解决问题的协议；而在未有具体的解决方案之前，相关各方均依照"扣船捕人，释放遣返"的程序处理解决，其他国家对待印尼渔民在本国领水非法捕鱼时也不例外。印尼的新做法打破了这种"默契"，甚至采取了炸船这种较为激烈的方式。可以预见，这种行为虽然在印尼国内会获得广泛支持，但势必引发国际舆论的谴责。印尼的东南亚邻国由此更对印尼"全球海洋支点"构想的实际意图有了顾虑。[②]

应该说，非法捕鱼本质上是一个渔业纠纷的公共问题，但被印尼政府上升到国家安全问题，这是多种因素共同作用的结果，但大体上是基于本国的利益考量。从总体上看，印尼政府将非法捕鱼作为安全问题的基本目标是为了更严厉地打击这种现象，通过把非法捕鱼定性为一种安全事务，显示其比其他问题更加重要，从而赋予政府一种特殊的权力，积极动员各方力量以非常方式加以处理。此外，还有着推进海洋强国建设与增强国家防御力量、维护渔民利益以夯实政府执政合法性根基以及相应的国际因素等动因。首先，通过把非法捕鱼表达成对印尼国家主权与领土完整的"存在

①　Shafiah F. Muhibat, " Indonesia's New Ocean Policy: Analysing the External Dimension ", *MAritime Affairs: Journal of the National Maritime Foundation of India*, 2017, Vol. 13, No. 2.

②　刘畅：《试论印尼的"全球海洋支点"战略构想》，载《现代国际关系》，2015 年第 4 期。

性威胁",可以借机强化国家防御能力尤其是增强海军实力;可以提升海军装备水平与作战能力,强化海洋防卫能力,促进海军实力的增长,提高海军保卫国家海洋边界与主权安全的能力。其次,印尼沿海有大量贫困人口,需要采取措施加以应对。非法捕鱼一定程度上影响到本国渔民的生计及对政府的信任,导致政府公信力下降。一直以来,针对印尼海域普遍存在的非法捕鱼活动,印尼国内渔业生产方及相关者的抗议活动时有发生,要求政府严厉制止这一行为。印尼渔民传统联盟指出,非法捕鱼涉及印尼18处水域,严重侵害了印尼的海洋生态与渔民的经济来源,政府应努力保护印尼海域免受外国渔船非法捕捞的侵袭。印尼渔民强烈要求政府采取强力手段,保护本国渔业资源,打击海洋违法偷捕等行为。印尼政府为迎合日益高涨的国内民族主义情绪,通过打击外国非法捕鱼彰显对民众个体的生存环境的重视,获取本国民众的支持,也塑造了带有强烈民族主义色彩的国家海洋观。最后,佐科执政后,积极强化国家在政治经济与安全中的核心作用。印尼政府通过强化国家机器应对非法捕鱼问题,展示维护国家海洋主权的决心与实力。另外,印尼将非法捕鱼作为安全问题是因为受到国际社会特别是周边国家强硬的渔业政策的刺激。近年来,印尼本国渔船也频频遭到澳大利亚等国的扣押与烧毁,这推动着佐科政府采取相应的强硬措施应对外国非法捕鱼事件。①

四、印度尼西亚跨界渔业管理

为确保苏鲁——苏拉威西海洋生态区(Sulu-Sulawesi Marine Eco-region, SSME)的有效保护和可持续发展,印尼、马来西亚和菲律宾政府于2004年2月13日签署了谅解备忘录。三国同意采用生态区域保护计划(Eco-region Conservation Plan, ECP)中所体现的生态区域保护方法,以促进实现生物多样性保护的四个基本目标:代表性、生态和进化过程的可持续性、物种和种群的

---

① 陈翔:《印尼非法捕鱼问题的安全化透视》,载《东南亚研究》,2018年第4期。

生存能力和弹性。生态区域保护计划希望根据其 50 年愿景实现 10 个目标。签署谅解备忘录后,成立了 SSME 三国委员会。设立了三个小组委员会:受威胁物种、独特物种和迁徙物种小组委员会,可持续渔业小组委员会,海洋保护区和网络小组委员会。三个小组委员会的行动于 2009 年启动。加强东南亚特定次区域(如 SSME 和泰国湾)内的跨界渔业管理,也许是减少非法捕捞和过度捕捞以及加强海上安全和沿海社区生计的一个潜在的战略方向。①

随着对鱼类、人类、栖息地和气候等海洋生态系统不同组成部分之间相互作用的认识不断加深,人们越来越认识到需要通过基于生态系统的渔业管理方法(Ecosystem-based Approach to Fisheries Management, EAFM)来管理渔业。EAFM 是一个被广泛接受的概念,各种国际协议都支持其应用。在国际上,环境与发展会议、生物多样性公约、联合国粮食及农业组织负责渔业行为守则和 2002 年可持续发展问题世界首脑会议执行计划等协议,主要反映了环境与发展会议的原则。这些协议已被所有东南亚国家采用,尽管它们尚未完全纳入其国家渔业法律和政策。虽然在任何东南亚国家还没有 EAFM 的具体立法,但有一些法律和政策支持 EAFM 的指导原则。例如,"珊瑚礁三角区倡议"(Coral Triangle Initiative, CTI)的六个国家正在实施 EAFM,但通过各种项目和方案以渐进的方式实施,通常需要外部机构或组织的技术援助和支持。所谓珊瑚礁三角区(Coral Triangle),指的是东南亚和西太平洋总共 600 万平方千米的海域和陆地,包括菲律宾、东帝汶、印尼、马来西亚婆罗洲、巴布亚新几内亚和所罗门群岛,在此地区生活着 3.63 亿人口,其中约 1.2 亿人生活在海岸线附近。珊瑚礁三角区拥有 600 种珊瑚(占世界已知珊瑚种类的 75%)、3000 多种珊瑚礁鱼类以及占世界 75% 的红树林品种,是保护生物多样性的重要区域。近年来,在滥捕、污染和全球暖化因素影响下,珊瑚白化严重,环境日益恶化。世界自然基金会专家警告,如再不采取行动,珊瑚礁三角区 2050 年前将变成一片珊瑚尸骨区。

---

① Robert Pomeroy, John Parks, Kitty Courtney, et al., "Improving marine fisheries management in Southeast Asia: Results of a regional fisheries", *Marine Policy*, 2016.

2007 年，印尼总统苏西洛提出"珊瑚礁三角区倡议"，提倡保护该地区生物多样性，在同年 12 月的联合国气候变化大会成员国巴厘岛会议上获得通过。2008 年，CTI 成员国通过了"区域行动计划"。[①] 包括五个部分：一是加强海洋产品的管理；二是在鱼产品加工中推广使用环保方法；三是保护海洋环境；四是帮助沿海社区应对气候变化；五是保护海洋珍稀物种。[②]

五、印度尼西亚与中国渔业合作

目前，世界上主要的渔业国家为中国、日本、美国、秘鲁、印尼、智利和印度等。中国是世界海洋渔业大国之一，1989 年中国水产品产量超过了日本和俄罗斯，跃居世界第一，此后多年一直稳居世界第一。2004—2013年，中国的海产品产量约占世界的 25%。其中，海水养殖产量约占世界的 75%，海洋捕捞约占世界捕捞量的 20%。中国已经拥有一支初具规模的远洋渔业队伍，远洋渔业企业通过设立作业基地、办事处、销售公司、水产加工厂、综合性服务基地、区域运营中心等多种形式在全球布点，开展生产和经营活动。目前，布点已达到 100 多个，分布于 37 个国家（地区）的专属经济区和太平洋、大西洋、印度洋三大洋公海以及南极海域，整体布局契合了中国"海上丝绸之路"的三大方向。中国水产总公司、上海水产总公司等行业龙头企业在远洋渔业资源开发、水产品精深加工与贸易、仓储物流、渔业服务等方面具有了较强的国际竞争力，并在世界主要渔区设立企业或者办事处。这为发展远洋渔业，推动"海上丝绸之路"上的渔业合作奠定了良好的基础，提供了前提条件和可能性。[③]

开展与印尼的渔业合作是中国实施渔业"走出去"战略的重要内容。截至 2018 年，中国共有 17 家企业，约 400 艘渔船在印尼专属经济区从事捕捞

---

① 《首届珊瑚三角商务峰会在菲律宾召开》，http://finance.sina.com.cn/roll/20100120/13177277554.shtml。

② 吴崇伯：《中国—印尼海洋经济合作的前景分析》，载《学术前沿》，2015 年第 1 期。

③ 林香红，张晨，高健：《从统计数字看我国海洋产业的国际地位》，载《中国统计》，2014年第 10 期。

生产，主要集中在阿拉弗拉海渔场。2013 年总产量 20.1 万吨，产值 25.3 亿元。据不完全统计，中国企业在印尼陆地渔业设施投资总额近 8000 万美元，安排印尼就业人数近 3000 人，带动作用明显。

据印尼海洋事务与渔业部统计，2009 年，印尼出口至中国的渔产品 14.9 万吨(出口额 9700 万美元)，2010 年增加到 21.3 万吨(1.503 亿美元)，2011 年进一步增至 24.24 万吨(2.21 亿美元)，2012 年为 29.54 万吨(2.847 亿美元)，2013 年增至 33.6 万吨(4.09 亿美元)，产品包括螃蟹、石斑鱼、鱿鱼、章鱼、红鱼、带鱼、海藻、金枪鱼等。渔业资源的开发是近年中国与印尼经济合作的重点领域之一。两国渔业合作已有十多年的历史，印尼是目前中国远洋渔业渔船最多、产量最高、效益也较好的国家。2004 年，中国在印尼的远洋捕捞产量为 33 万吨，产值 30 亿元，分别占中国远洋渔业总产量、总产值的 24% 和 34%。在海洋渔业合作方面，中国福建省与印尼取得重要进展。平潭安达远洋渔业有限公司与印尼 AG 集团合作建立 2 个渔业基地，其中，图尔渔业基地已投入运行，建设了一座日处理能力为 200 吨的水产品加工厂、一座年产能力为 2000 吨的鱼糜加工厂、一座日产 20 吨的鱼粉加工厂。目前，平潭安达远洋渔业有限公司以该渔业基地为平台，共有 45 艘远洋渔船赴印尼海域生产，每年运回自捕鱼 1 万多吨，产值 1 亿多元。福州恒盛昌(福建)投资有限公司与印尼材源帝集团签订了共同开发协议，在印尼瑟兰岛投资建设 3000 公顷的对虾养殖基地；平潭县远洋渔业集团有限公司获得印尼政府批准，合作开发位于印尼巴布亚省西部的凯马纳县阿丰那埃特纳海湾 7500 公顷的网箱养殖基地；连江县南洋水产开发有限公司与印尼三林集团公司签订了共同开发协议，建设 100 公顷的新加朗岛网箱养殖基地。

中国海洋捕捞渔业产量从 1950 年的 88.01 万吨发展到 2011 年的 1604.27 万吨，是 1950 年的 18 倍以上；印尼的海洋捕捞渔业产量从 1950 年的 5.9 万吨增长到 2011 年的 381.84 万吨，产量是 1950 年的 64 倍以上，发展迅速。截至 2011 年，中国在南海捕捞渔业产量为 339.3 万吨，占全国捕捞渔业总量的 21.15%；印尼在南海捕捞渔业产量为 381.84 万吨，占该国捕捞渔业总量的 70.76%。①

2001 年 4 月，《中华人民共和国农业部和印度尼西亚共和国海洋事务与渔业部关于渔业合作的谅解备忘录》签订；为落实其中有关内容，12 月 19 日，《中华人民共和国农业部和印度尼西亚共和国海洋事务与渔业部就利用印度尼西亚专属经济区部分总可捕量的双边安排》签订，为缓解双方渔业纠纷奠定了基础。2005 年 8 月中国农业部副部长在北京会见了印尼海洋事务与渔业部部长，2006 年 3 月中国农业部部长应邀访问印尼并会见了印尼海洋事务与渔业部部长，在这两次会谈中，双方都强调在禁止非法捕鱼等方面加强合作。②

2014 年 10 月 13—14 日，中国农业部渔业渔政管理局与印尼海洋事务与渔业部捕捞署在北京召开了中印尼渔业合作联合委员会第 2 次会议。会议主要就开展两国渔业捕捞合作进行了讨论。10 月 14 日，双方签署了《中华人民共和国农业部和印度尼西亚共和国海洋事务与渔业部渔业合作谅解备忘录有关促进捕捞渔业合作的执行安排》。该协议明确了捕捞合作模式，中国企业应通过在印尼设立合资企业方式开展合作；双方企业和渔船开展合作和生产须分别取得双方渔业管理部门的许可；合作渔船总吨位范围为 100~500 总吨，作业渔具包括单船拖网、围网、流刺网及其他印尼允许的作业方式；船员须经过培训，具有健康证书和人身保险等。另外，中印尼双方还建立了信息沟通机制，印尼方将向中方通报合资企业经营许可证及投资许可证批准情况等信息。执行安排有效期为 3 年，从签署之日起生效。③

但据香港《南华早报》2015 年 1 月 26 日报道，印尼当局已经宣布废止 2014 年 10 月与中国签署的渔业协议，该协议曾被指独厚中国渔民，允许中国渔业公司以合资方式在印尼海域捕鱼。印尼海洋事务与渔业部部长苏茜

---

① 韩杨，张玉强，刘维，等：《中国南海周边国家和地区海洋捕捞渔业发展趋势与政策》，载《世界农业》，2016 年第 4 期。

② 史春林：《中国渔船和渔民在海外的安全问题及其解决对策》，载《中国海洋大学学报（社会科学版）》，2010 年第 3 期。

③ 《中印尼签署捕捞合作执行安排》，http：//jiuban. moa. gov. cn/sjzz/yzjzw/tpxwsyyzw/201410/t20141016_4106241. htm。

2014 年曾表示，大型捕鱼船在走私石油天然气、偷税漏税、大规模捕鱼等 3 个方面给印尼的经济造成巨大损失。以大规模捕鱼为例，为数众多的大船大肆捕捞的结果，造成无法在深海进行捕捞作业的小渔船无鱼可捕。大型捕鱼船被禁止之后，小型渔船则可捕捞游到海边红树林一带的鱼群，从而提高渔民的收入和生活质量。2014 年 11 月，印尼海洋事务与渔业部部长苏茜在陪同佐科总统到北京参加 APEC 会议前表示，当时在印尼海域从事海洋捕捞活动的 1200 艘大型渔船中，多为外国渔船，其中 10% 的捕捞许可证当年已经到期，印尼将不再发放新的许可证。《雅加达时报》报道，印尼海洋事务与渔业部属下捕捞署署长格尔文·朱索夫 2015 年 1 月 23 日表示，据该部有关条例，当局已经禁止所有外国渔船在印尼领海的大型捕鱼活动，与中国的渔业协议也受到有关条例影响而必须废止。朱索夫称："我们曾与中国政府在渔业领域合作，中国企业也在印尼进行相关投资。但如今我们已经出台新条例，所有之前的合资协议都将失效。""根据协议，中国公司如果与印尼公司合资，并且中国公司在合资公司的股份不超过 49%，他们就能在印尼海域捕鱼。但他们仍须遵守印尼的投资法规。"①

---

① 《签署不足半年，印尼废止与中国渔业协议》，https：//www. guancha. cn/Neighbors/2015_01_26_307529. shtml。

第四章 印度尼西亚的"沉船"政策

据报道，2007—2012 年，印尼炸沉了 33 艘被扣押的外国渔船。自 2014 年 10 月佐科就任印尼总统以来，印尼实施了更为严厉的"沉船"政策。12 月 21 日，印尼海军在马鲁古岛安汶北岸炸沉两艘悬挂巴布亚新几内亚旗帜但船员都是泰国人的渔船。此前，印尼当局已炸沉 3 艘在印尼非法捕鱼的越南渔船。[①]

2015 年 2 月 10 日，印尼巴布亚警方炸沉了一艘 330 吨的越南渔船。[②] 5 月 20 日，印尼官方在数个水域同时炸毁 41 艘外国渔船，这些被炸毁的船只来自越南、泰国、菲律宾等国家。[③] 截至 2015 年 9 月，印尼海洋事务与渔业部部长苏西·普吉亚斯图蒂下令扣押的越南和菲律宾等国船只已超过 35 艘。[④]

2016 年 4 月 5 日，印尼官方在全国 7 处水域炸毁 23 艘马来西亚及越南渔船。[⑤]

2017 年 4 月 1 日，印尼官方在全国 12 处水域炸毁了 81 艘外国渔船，包括 46 艘越南船、18 艘菲律宾船、11 艘马来西亚船。[⑥]

2018 年 8 月 20 日，印尼官方在全国 11 处水域同时弄沉了一批船只，

[①] 《印尼再炸沉两艘"非法入境"捕鱼外国渔船》，http://news.sina.com.cn/w/p/2014-12-22/095931312703.shtml。

[②] 《印尼再次炸沉一艘越境捕鱼作业越南渔船》，http://www.bbwfish.com/article.asp?artid=172541。

[③] 《印尼炸毁中越泰菲等国 41 艘渔船》，http://news.sohu.com/20150522/n413519604.shtml。

[④] 安琪尔·达玛延蒂：《东盟—中国海洋合作：维护海洋安全和地区稳定》，载《中国周边外交学刊》，2016 年第 1 期。

[⑤] 《起底印尼"炸船部长"苏西昔日泼辣卖鱼女》，http://news.sina.com.cn/o/2016-04-08/doc-ifxrcizu3788384.shtml。

[⑥] 《印尼又炸毁 81 艘外国渔船 包括 46 艘越南船》，http://www.sohu.com/a/131633672_650082。

包括 86 艘越南船只，20 艘马来西亚船只，14 艘菲律宾船只。印尼表示，自 2014 年 10 月以来，该国已经弄沉了 488 艘非法渔船，通常是使用炸药炸沉的。①

2019 年 5 月 4 日，印尼在纳土纳群岛海域一次性炸沉 51 艘外国捕鱼船，其中越南渔船 38 艘，另外的渔船来自马来西亚和菲律宾等国。②

一、印度尼西亚渔业的重要地位

印尼是世界第七大渔业国，渔业产量仅次于中国、秘鲁、日本、智利、美国和印度。渔业部门在印尼被比作安全阀，可以吸收大量的剩余劳动力。特别是在偏远地区，渔业部门可能得不到任何政府支持，但它确实为当地人民提供了谋生的机会。1998 年经济危机期间，渔业部门经受住了危机的冲击，而且比制造业等部门恢复得更快。在其他产业仍然受到金融危机的影响，出口贸易减少的情况下，印尼农渔产品出口仍呈增长之势，这对于增加国内生产总值、提供就业机会、增加外汇收入起到了很大作用。根据世界银行 2017 年数据，印尼农业、林业和渔业产值占全国国内生产总值（GDP）的 13.14%。③

前面已讲述，鱼类提供了超过印尼人均动物蛋白质摄取量的 60%，是绝大多数印尼人唯一负担得起的营养物质来源。此外，渔业产品作为出口收入来源正变得越来越重要。

印尼独特的地理环境，造就了印尼的海洋文化。对印尼人来说，海洋是生存的源泉，与文化传统和生活方式密切相关，海洋被认为是一种命

---

① 《印尼将 120 艘外国非法渔船"沉海"，但没有事先通知这三个国家》，https://new.qq.com/omn/20180822/20180822A0OGZU.html。

② 《印尼击沉了 38 艘越南籍捕鱼船，越南会在南海问题上报复印尼吗？》，http://www.sohu.com/a/312142867_100046826。

③ http://www.fao.org/fishery/facp/IDN/en#CountrySector-GenGeoEconReport。

运。[①] 印尼古代曾拥有荣耀的航海精神，然而在殖民者压迫下，曾经引以为豪的航海精神逐渐被淡忘。佐科上台后倡导与复兴印尼海洋文化，目的是复兴印尼民族性中"不畏艰险、不怕风浪、勇于探索与创新"的"航海精神"，广大渔民就是印尼航海精神最前沿的代表。[②] 然而，印尼渔民却处于印尼社会底层，甚至是最贫穷的人。

二、印度尼西亚渔民的生存问题突出

(一) 渔业生产水平落后

由于捕捞设备和技术落后且缺乏资金投入，渔业生产条件落后，印尼海洋捕捞业和水产养殖业的发展均比较缓慢，现有海洋渔业生产规模尚未达到潜在生产能力的 30%。再者，捕捞能力十分有限，无法同外国渔民竞争。[③]

2016 年 2 月印尼海洋事务与渔业部公布的数据显示，在印尼现有的62.56 万艘海洋捕鱼船中，30 总吨以上的船只占 1.23%[④]，依然表明印尼绝大部分的水产品是由传统的手工方法捕捞的。

由于缺乏资金和技术支持，相关产业薄弱，渔船缺乏先进的鱼产品储存设备，当渔船回到大陆时，鱼不再新鲜。上岸的渔获物中只有 46% 是新鲜的[⑤]，其余都是干的、腌制的、烟熏的、水煮的或发酵的，因缺乏冷却和冷冻设备低温处理，无法保持鱼的新鲜度，这也使印尼水产品没有竞争优

---

① Ruth Balint, "The Last Frontier: Australia's Maritime Territories and the Policing of Indonesian Fishermen", *Journal of Australian Studies*, 1999, Vol. 23, No. 63.

② 广西大学中国—东盟研究院：《简述佐科海洋强国战略对印尼海洋文化的复兴与重建》，https://m. chuansongme. com/n/2675270253723.

③ 孙悦琦：《中国与印尼渔业合作面临的新挑战及对策分析》，载《学术评论》，2018 年第 3 期。

④ 王小明：《21 世纪海上丝绸之路建设对接当地发展研究——印度尼西亚视角》，载《国际展望》，2017 年第 4 期。

⑤ http://www. fao. org/fishery/facp/IDN/en#CountrySector-GenGeoEconReport.

势，在国际市场上的竞争压力较大。

（二）大多数渔民生活贫困

在 20 世纪 60 年代中期以前，印尼开发渔业资源的全部是小规模生产者，他们大多数使用帆船或桨式船和简单的渔具。从 60 年代中期到 80 年代初期，机动渔船的数量逐渐增加，发动机的使用出现了迅速增长，大多数机动渔船是由舷外发动机驱动的小型船只。2009 年，印尼拥有无动力渔船 19.379 8 万艘；低于 5 总吨的渔船 10.512 1 万艘，占当年全部渔船总数的 50.6%。由于受制于渔船吨位和捕捞能力，印尼的海洋渔业资源开发极不均衡。

印尼西部海域相对较浅，位于爪哇、苏门答腊和加里曼丹周围的巽他陆架之上，东部海域相对较深。西部水域拥有丰富的近岸小型渔业资源，东部水域则是许多大型远洋物种的迁徙通道。浅海渔业，特别是靠近主要人口中心（也就是市场）的浅海渔业被严重开发，扩大收成的潜力有限。印尼海域被分为 11 个渔业资源管理区，大约 77% 的渔获登陆中心位于印尼西部，其余 23% 位于该国东部。① 西部的马六甲海峡、爪哇北海岸和南苏拉威西省沿海地区加起来的渔获物登陆量超过总登陆量的 50%，但从业人员则不到渔业总人数的一半。可能存在增产潜力的地区位于群岛人口稀少的东半部，而当地市场吸收新增供应的能力有限。随着技术革新以及引进了拖网渔船和围网渔船进行大规模捕鱼，又出现了巨大分化，小规模生产者逐渐被边缘化。小规模渔业被定义为消耗相对较小的劳动密集型渔业，大多为家庭所有、手工作业，拥有资本很少，通常等同于手工渔业。他们在近岸进行短途捕鱼，主要用于当地消费。

目前，造成印尼西部沿海渔民贫困的首要原因是在爪哇、苏门答腊和苏拉威西岛附近的主要渔场过度捕捞。虽然改进技术使一些人受益，而大部分从事小规模生产的渔民并未受益。通过技术变革，印尼的渔业发展已

---

① Jason Patlis, "Indonesia's New Fisheries Law: Will it Encourage Sustainable Management or Exacerbate Over-exploitation?", Bulletin of Indonesian Economic Studies, 2007, Vol. 43, No. 2.

成为一种零和游戏，因为渔民之间直接竞争有限的资源。在这种游戏中，掌握强大技术的人具有明显的竞争优势。

三、印度尼西亚过度捕捞与渔业冲突严重

(一) 过度捕捞

印尼的渔船作业停留于沿海和近海，导致横向捕捞迅速衰退而纵向资源难以挖掘，过度捕捞严重，飞鱼渔业就是典型例子。在印尼的马鲁古、西苏拉威西、南苏拉威西和北苏拉威西省，飞鱼的过度捕捞十分严重。飞鱼是一种小型中上层鱼类，可以全年捕捞。飞鱼在印尼已经被捕捞了几十年，是一种重要的商业鱼类。飞鱼鱼子出口到日本、韩国、立陶宛等一些亚洲和欧洲国家。俄罗斯和中亚国家鱼子酱产量的下降，增加了国际市场对飞鱼鱼子粉的需求。虽然飞鱼是一种中上层鱼类，但它不像金枪鱼为高度洄游的中上层鱼类。因此，过度捕捞的飞鱼区域不会被其他区域的飞鱼补充，飞鱼种群的隔离特性对该物种构成了威胁。在印尼的廖内亚、中爪哇和戈龙塔洛，过度捕捞已导致这些地区的飞鱼灭绝。

印尼沿海地区严重依赖小型手工渔业，手工捕捞船多人多，加之渔具限制及限制捕捞的法律执行不力，在相对较小的地理区域内的渔业也会受到渔具使用和捕捞压力的影响。使用非机动船只上的钓丝和捕鱼陷阱的渔民，也能通过捕捉大型物种来影响珊瑚礁渔业。[1] 例如捕捞鲨鱼，印尼海域鲨鱼种类繁多，是全球鲨鱼数量最多的国家，但几乎所有的高价值鲨鱼物种都被过度开发。印尼海域的鲨鱼捕捞大多被认为是渔民使用各种渔具的副渔获物，包括延绳钓、流网、手钓和围网。鲨鱼也在印尼东部和南部的几个地区成为目标，在那里它们通常是许多手工渔民的主要

---

① Campbell S, J, Mukinin A, Kartawijaya T, et al., "Changes in a Coral Reef fishery Along a Gradient of Fishing Pressure in an Indonesian Marine Protected Area", *Aquatic Conserv: Mar. Freshw. Ecosyst*, 2014.

生计来源。密集的不分大小、重量的鲨鱼捕捞，导致印尼鲨鱼数量的减少十分明显①，海洋事务与渔业部目前正在印尼开展国家鲨鱼保护和管理行动计划，为了确保其有效实施，必须获得所有主要利益攸关方的广泛支持，特别是尽量减少对目前从鲨鱼渔业获得可观经济利益的小规模渔民的负面影响。② 但是，目前鲨鱼捕捞和鱼翅贸易仍然是印尼野生动物保护面临的主要挑战之一，只要有买家积极寻求购买鱼翅，鲨鱼捕捞仍将继续。解决这一难题非常复杂，因为它涉及环境、经济、社会、政治、文化和保护问题。③

渔民收入低也是导致过度捕捞的原因之一。例如捕捞飞鱼，尽管国内和国际市场上的飞鱼及其鱼卵价格有所上涨，但捕捞作业的渔民经济福利并未得到改善。渔业收入分成分为八部分，三部分用于船舶、发动机和设备的折旧费用，两部分归船长，最后三部分交给船员。如果船主兼任船长，净收入的5/8，即62.5%将归他所有。每艘渔船的船员总数平均为4~5人，这意味着渔民每人每次捕鱼可获得3.6~4.5美元的收入④，这并不能使渔民家庭的经济状况随着飞鱼价格的上涨而改善。这种状况是造成手工渔民从传统捕鱼方法转向破坏性捕鱼以补充生计的因素之一，他们非法使用小网捕小鱼或幼鱼，增加了手工一级的非法、不报告和不管制的捕捞事件，从而进一步加剧了该地区鱼类种群的灭绝。

(二) 渔业冲突与社会问题交织

印尼过度捕捞的结果是渔业生产率下降，渔业冲突加剧，渔民日益贫

---

① Daniel Vermonden, "Making a Living From the Sea: Fishery Activities Development and Local Perspective on Sustainability in Bahari Village (Buton Island, Southeast Sulawesi, Indonesia)", *Environ Dev Sustain*, 2006.

② Fahmi, Dharmadi, "Pelagic shark fisheries of Indonesia's Eastern Indian Ocean Fisheries Management Region", *African Journal of Marine Science*, 2015, Vol. 37, No. 2.

③ Dharmadi Fahmi, F Satria, "Fisheries Management and Conservation of Sharks in Indonesia", *African Journal of Marine Science*, 2015, Vol. 37, No. 2.

④ Dirhamsyah, "Traditional Fisheries Management of Flyingfish on The West Coast of Sulawesi, Indonesia", *Maritime Studies*, July-September, 2008.

困，高度依赖鱼类提供蛋白质和收入的沿海社区的粮食安全受到威胁。而沿海社区整体生活水平的下降和贫困，将导致社会、经济和政治不安定以及渔业冲突和不可持续的资源使用。一方面是直接的渔业资源争夺引发冲突。由于印尼中西部海域过度捕捞问题，来自苏门答腊、巽他和爪哇海等资源枯竭地区的渔民到印尼东部的佛罗勒斯海和班达海等海域捕鱼。这些新渔船通常体型更大，装备更先进的捕鱼设备。本地渔民担心渔业资源被夺取，因而和新来的渔民发生冲突。新来的渔船被扣押事件时有发生，冲突有时会发展成广泛的暴力行动。没有稳定的收入、医疗保险和社会保障以及教育水平和职业技能低下，处于极度贫困的小规模渔民性格复杂化，极易由小问题而激化成大冲突。另一方面，由于人口增加的压力而出现争夺渔业资源的冲突。人口增加使得沿海地区出现众多新的移民社区，新社区认为渔场是开放的。而当地人则根据数百年的传统习俗，认为一定距离以内的沿海地区属于他们所有。在印尼许多沿海省份，围绕土地与海洋使用权的冲突正在加剧。政府已经采取了若干政策，包括行政权力下放，推行渔业资源共同管理办法，促进渔民对与渔业有关的活动有更大的所有权和责任感。尽管如此，但对渔民来说，自治意味着他们有权利要求对沿海水域的个人所有权和经济权利。这使在同一地区内的渔民群体之间产生了进一步的冲突，海洋资源占有权的冲突在印尼成为一个持续不断和日益严重的问题。

制度失灵被认为是渔业冲突的一个重要因素，这既包括市场、社区和社会资本等非正式制度，也包括国家、司法、政治制度等正式制度。[1]

四、印度尼西亚渔业管理制度存在的不足

印尼 1945 年颁布的国家宪法第 33 条规定了海洋资源使用的法律依据，该条规定，土地和水资源属于国家所有。1985 年第 9 号渔业法虽然没有明

---

[1] Umi Muawanah, Robert S. Pomeroy, Cliff Marlessy, "Revisiting Fish Wars: Conflict and Collaboration over Fisheries in Indonesia", *Coastal Management*, 2012.

确承认地方社区产权，但它考虑到传统小规模渔业的存在，非正式地承认某种自然资源的传统公共产权的存在。①

尽管印尼是世界上最大的群岛国家，但长期以来政府却在很大程度上忽视了渔业，更关注国家丰富的陆地自然资源。在缺乏某种形式的政府干预的情况下，渔业往往是开放获取的受害者，导致过度开采。随着人们越来越认识到渔业和海洋的重要性，以及需要对其进行更严格的监督，政府于1999年11月设立了海洋事务与渔业部，以推行更全面的渔业管理。同时，颁布了关于"下放管理权力"的1999年第22号法律。但是，第22号法律对省与地区管理海洋权力的区分非常模糊，也没有适当的执行准则。在实际执行中，几乎所有的规定(除了所有拖网渔船都必须在政府登记)在实践中都被违反了。② 此外，也没有规定传统渔民渔场的边界，渔民没有动力去保护鱼群，"公地悲剧"不可避免。

2004年第32号法律替代了1999年第22号法律，2004年第33号法律补充了第32号法律，规定20%的渔业收入归中央政府所有，80%归区县政府所有。③ 根据2004年第32号法律，各省和县(市)均被赋予其海洋区域广泛而明确的管理权限，授权领域包括海洋资源的勘探、开发、养护和管理，空间规划以及法律的执行。但是，这部"下放管理权力"的新法并没有适当的执行准则。近50年来，印尼海岸带管理一直受到各种法律管辖权模糊规定造成的分歧影响，约有22项法律影响沿海地区。④ 这些法律的模糊或混淆导致了管理不力，不同部门、利益群体之间的利益冲突加剧，对沿海资源构成威胁。在目前印尼沿海地区管理权力下放的过程中，已经有地方政府在制定地方性法案，这些法案更关注的是增加收入而不是生态和可持续

① Mantjoro, Eddy, "Management of Traditional Common Fishing Grounds: The Experience of the Para Community, Indonesia", *Coastal Management*, 1996.

② May Tan Mullins, "The Political Ecology of Indonesia: A Case Study of a Fishing Village in Sumatra", *Local Environment*, 2004, Vol. 9, No. 2.

③ Patlis, Jason, "Indonesia's New Fisheries Law: Will it Encourage Sustainable Management or Exacerbate Over-exploitation?", *Bulletin of Indonesian Economic Studies*, 2007, Vol. 43, No. 2.

④ Hendra Yusran Siry, "Decentralized Coastal Zone Management in Malaysia and Indonesia: A Comparative Perspective", *Coastal Management*, 2006.

原则。很明显，目前印尼的权力下放和地方政府对近岸海洋环境的控制政策为创新的、市场驱动的改革提供了广泛的可能性，同时也带来法律和政治环境的复杂与不确定性，使人们对广泛改革的效力产生怀疑。分配使用权可能是一个有争议的过程，有许多权力寻租和剥夺公民权的机会。有研究人员认为，要改革印尼的海洋保护和渔业，自下而上（即通过与渔民签订协议）而不是自上而下来确定权利持有人的努力是至关重要的，因为自上而下的方法目前是站不住脚的。① 然而，以社区为基础的海岸资源管理的前提是，社区管理倡议的执行是社区的主要责任，在大多数情况下，他们有能力有效地执行当地制定的规章制度。对北苏拉威西省的研究表明，社区管理范围在 2 海里内比较有效，超出 2 海里就很难实施；此外，依靠社区执法解决炸鱼、毒鱼等国家法律问题，在距离村庄定居点数千米以外的地区也将更加困难。②

2004 年，第 31 号渔业法取代了 1985 年第 9 号渔业法，2009 年第 45 号法律修订了第 31 号渔业法。虽然在禁令和规定方面比旧的渔业法更为详细，但给渔业管理的未来方向也带来了巨大的不确定因素和内在矛盾。从表面上看，法律规定渔业管理的首要任务应"实现最佳和可持续的效益，并确保渔业的可持续性"。③ 然而，其他规定则是朝两个方向发展。一方面，许多条款规定养护渔业、生境和受保护的海洋物种，并要求严格禁止破坏这些资源的某些活动；另一方面，许多规定要求扩大捕捞努力，增加供应和消费，增加渔业收入，普遍促进捕捞以及加快渔业发展。

---

① Michael De Alessi, "Archipelago of Gear: The Political Economy of Fisheries Management and Private Sustainable Fisheries Initiatives in Indonesia", *Asia and the Pacific Policy Studies*, 2014, Vol. 1, No. 3.

② Brian R. Crawofd, "Compliance and Enforcement of Community-Based Coastal Resource Management Regulations in North Sulawesi, Indonesia", *Coastal Management*, 2004.

③ Jason Patlis, "Indonesia's New Fisheries Law: Will it Encourage Sustainable Management or Exacerbate Over-exploitation?", *Bulletin of Indonesian Economic Studies*, 2007, Vol. 43, No. 2.

五、印度尼西亚严重的 IUU 捕捞

近年来，印尼面临越来越多的外国和国内渔船在其专属经济区和专属经济区附近公海上的非法、不报告和不管制(IUU)的捕捞活动，IUU 捕捞问题已成为印尼一个重大的国家问题，不仅严重影响经济，而且影响外交和国家形象。

IUU 捕捞包括非法的不可持续的捕鱼及不报告和不管制的捕鱼活动，需要通过有效的立法框架加以解决。《联合国海洋法公约》、1995 年《执行 1982 年 12 月 10 日〈联合国海洋法公约〉有关养护和管理跨界鱼类种群和高度洄游鱼类种群之规定的协定》和 2001 年《关于预防、制止及消除非法、不报告和不管制捕捞的国际行动计划》①要求各国制定有关渔船监测、控制和监视的法律和法规。但从实际情况来看，印尼未能解决 IUU 捕捞问题，主要是由于有效的监测、控制和监视不足。② 从渔船监测来看，印尼大多数渔民都是小规模的近岸渔民，通常为维持生计或为当地的小市场而捕鱼。因此，印尼的大部分捕鱼作业都很分散，难以监测。再加上印尼复杂的地理环境、人口众多和普遍的贫困，国家对海洋环境的监测和执法力度也微乎其微。2007 年对印尼东部阿拉弗拉海的一项研究估计，仅在该地区就有超过 100 万吨的非法未报告捕获量。另一项调查发现，在印尼水域捕鱼的外国

---

① 联合国粮食及农业组织为遏止非法、不报告和不管制管理的违规渔船，于 2001 年 3 月 2 日通过了《关于预防、制止及消除非法、不报告和不管制捕捞的国际行动计划》(IPOA-IUU)。该行动计划要求所有国家制定并采取包括依国际法成立适当区域渔业组织在内的全面、有效和透明的管理措施，以预防、制止及消除 IUU 捕捞活动。同时，要求各国对其管辖的船舶严格管理，尽最大可能对任何从事 IUU 捕捞的渔民给予更严厉制裁；对无国籍渔船进行 IUU 捕捞者，该行动计划要求所有国家采取与国际法协调一致的各种措施，坚决予以严厉打击；各国应全面、有效调控与监管捕捞活动，同时各渔业国应于该行动计划通过两年内，制定并实施针对于此的国家行动计划，而且应每四年检讨一次其国家行动计划的开展情况。除上述原则性规定外，该行动计划还对船旗国的责任、捕鱼许可、渔船登记、港口国措施、沿海国措施、区域渔业组织的权责及有关市场管理措施等做出了明确规定。

② Dikdik Mohamad Sodik, "Analysis of IUU Fishing in Indonesia and the Indonesian Legal Framework Reform for Monitoring, Control and Surveillance of Fishing Vessels", *The International Journal of Marine and Coastal Law*, 2009.

拖网渔船报告的捕获量仅为 30%。①

IUU 捕捞威胁到目标鱼类物种,给印尼带来外交被动。越来越多的印尼渔船在公海作业,印尼面临国际政治和外交压力,要求其控制公海捕捞活动。尽管印尼于 2009 年 9 月 28 日批准了《联合国鱼类种群协定》,但却被一些渔业组织所诟病。例如,美洲间热带金枪鱼委员会表示,该委员会的缔约方以及进行合作的非缔约方已经显示出,对悬挂本国国旗并在公约海域从事捕捞活动的渔船进行了有效控制。然而,该委员会说,柬埔寨、格鲁吉亚和印尼没有显示出这样的控制,悬挂这些国家国旗的渔船一直在其公约海域从事 IUU 捕捞活动。② 美洲间热带金枪鱼委员会负责东太平洋金枪鱼和其他海洋资源的养护和管理,印尼是与之进行合作的非成员国。根据 2003 年数据,南方蓝鳍金枪鱼委员会确定 355 艘印尼渔船为 IUU 船舶,大西洋金枪鱼保护委员会确定 75 艘印尼大型长线船为 IUU 船舶,印尼的 IUU 渔船已在南大洋和北太平洋溯河产卵鱼类委员会公约区内被发现。印尼于 2008 年 4 月 8 日成为南方蓝鳍金枪鱼委员会的新成员,该委员会对作业渔船有特定要求,包括船舶标签程序、船上观察员程序和捕鱼日志应用程序,以及加强船舶的监控系统等。印尼政府也承认,渔业管理薄弱,特别是在监测、监视和执法方面,影响制约了渔业管理。这些 IUU 渔船对印尼造成资源、经济和政治影响,一是对渔业资源可持续性的影响,二是对经济的影响,三是造成印尼外交上的尴尬。③

IUU 捕捞往往与海上走私以及人口、毒品、武器贩运等跨国有组织犯罪结合在一起,儿童和渔民都被有组织犯罪集团贩运,其中又包括贩运中广泛存在的强迫劳动和虐待等行为。贩卖人口是东南亚跨国犯罪增长最快的形式之一,这种活动破坏了国家的完整性,削弱了政治机构,破坏了公民

---

① Michael De Alessi, "Archipelago of Gear: The Political Economy of Fisheries Management and Private Sustainable Fisheries Initiatives in Indonesia", *Asia and the Pacific Policy Studies*, 2014, Vol. 1, No. 3.

② 2007 年联合国大会第 62 届会议文件,A/62/260。

③ Rahmadi Sunoko, Hsiang-Wen Huang, "Indonesia Tuna Fisheries Development and Future Strategy", *Marine Policy*, 2014.

社会和人权。与此同时,这些集团也参与了非法捕捞和"洗钱"。IUU 捕捞与其他犯罪的结合不仅是印尼当前突出的问题,也是东盟区域内的突出问题。印尼海洋事务与渔业部部长苏西·普吉亚司图蒂 2015 年表示:"我优先考虑根除非法捕捞的原因之一,不仅是因为非法捕捞使我们损失了数万亿印尼盾,而且还因为非法捕捞常常是走私、贩毒和贩卖人口等其他犯罪的工具。"①这一声明证明了 IUU 捕捞对印尼的影响,并证明印尼现任政府有理由优先消灭这种捕捞。印尼 IUU 捕捞造成的年度损失估计为 30 亿美元。印尼自己估计的年度总损失(包括关税损失和可能对其65%的珊瑚礁造成永久损害的风险)为 200 亿美元。除了这种经济成本和非法捕捞对沿海社区生计和海洋生态系统的影响,印尼部长还强调了几项更有利可图的犯罪,如走私、贩毒、人口贩运。

印尼也多次在联合国大会上提出将 IUU 捕捞与跨国有组织犯罪联系起来。2008 年,印尼在联合国大会上提出,国际社会不应漠视探索创新方法和办法来打击非法捕捞,这是因为这个问题的规模已经对全球环境造成影响。全球化和不明确的海洋边界给进行非法捕捞的人提供了跨界犯罪的机会,因此,需要一种新办法来补充现有的措施,考虑将 IUU 捕捞与国际有组织犯罪联系起来。② 2017 年,印尼在联合国大会上提出 IUU 捕捞活动与支持这些捕捞活动的跨国有组织犯罪之间的关系问题。IUU 捕捞活动已毁灭大量物种,使从非洲到太平洋的沿海社区陷入贫困。这些非法做法通过腐败、洗钱、伪造文件、强迫劳动以及在该价值链中犯下许多其他罪行,给经济和社会状况带来更多破坏。③

东盟区域论坛已经承认非传统安全问题和跨国有组织犯罪多年来所带来的威胁,并已将打击跨国犯罪明确地列入东盟各国的议程。2009 年《东盟政治安全共同体蓝图》明确承诺"加强应对非传统安全问题,特别是打击跨

---

① Ioannis Chapsos, Steve Hamilton, "Illegal Fishing and Fisheries Crime as a Transnational Organized Crime in Indonesia", *Trends Organ Crim*, 30 January 2018.

② 2008 年联合国大会第 63 届会议印尼代表纳塔莱加瓦先生的发言,A/63/PV.63。

③ 2017 年联合国大会第 72 届会议印尼代表 Krisnamurthi 女士的发言,A/72/PV.64。

国犯罪和其他跨境挑战方面的合作"，这包括东盟国家在打击 IUU 捕捞方面的合作。在全球范围内，东南亚被认为是"渔业中存在人口贩运和强迫劳动的主要地区"，在印尼和马来西亚作业的泰国渔船比其他地区存在更高程度的人口贩运。此外，估计每年有 1000 艘外国船只在印尼 12% 的领水中进行 IUU 捕捞活动。

六、印度尼西亚"沉船"政策的功效与影响

（一）"沉船"政策一定程度上缓解了本国渔业和渔民的压力

印尼广阔的海域包含许多资源，渔业资源具有重要的政治经济地位，甚至被认为比石油和天然气都重要①，是印尼作为海洋国家的立国之本。②印尼政府把海洋和渔业作为国民经济发展的发动机和区域合作的重要领域和渠道，通过实施海洋与渔业的工业化，促进印尼成为渔业大国，解决国内就业、贫困、基础设施落后等实际问题。③对非法捕捞的外国渔船实施"沉船"政策，一定程度上可以排解民众怨愤，缓解政府压力。

佐科任总统后，要求印尼海军或海警一旦没收非法进入印尼海域从事捕捞的外国渔船，一律由海洋事务与渔业部统一炸毁。而且，佐科还要求，不仅要逮捕非法捕鱼者，海军更要击沉行驶中的来犯外国船只，杀鸡儆猴，"让这些人不敢再犯"。④2017 年 2 月 20 日，佐科总统签署第 16 号总统条例《印尼海洋政策》，捍卫本国海洋权益是印尼"全球海洋支点"构想的一项重要内容。佐科明确表示，印尼要维护海洋资源的主权，开展海洋外交，增强海军实力，发挥其群岛国家的地缘优势。在佐科总统领导下，最受欢迎

---

① Conner Bailey, "The Political Economy of Marine Fisheries Development in Indonesia", *Indonesia*, 1988.

② 《印尼海洋统筹部长：中印尼海洋合作空间广潜力大》，http：//intl. ce. cn。

③ 林香红，周通，高健：《印度尼西亚海洋经济研究》，载《海洋经济》，2014 年 10 月第 5 期。

④ 《与越南冲突后，印尼称将炸毁 51 艘非法捕捞外国渔船》，http：//news. sina. com. cn。

的海上相关政策是打击非法捕捞，以及改革和改善相关政府机构及基础设施。海洋事务与渔业部在打击非法捕捞和改善渔业方面的努力取得了积极的公众反馈，最明显的是"沉船"政策。[1]"沉船"政策严厉实施以来，印尼国内好评如潮，苏西·普吉亚斯图蒂借此在所有部长中赢得了最高的支持率。[2]

（二）"沉船"逐年增多之势说明印尼渔业管理与执法仍面临重大挑战

在21世纪初，全球渔业危机已成为一个突出的问题。全球对海产品的巨大需求已使世界某些地区的鱼类资源完全枯竭，并使发展中国家许多维持生计的渔业社区的粮食来源日益减少。东南亚拥有世界上最丰富的渔业资源，但非法捕捞和过度捕捞在该地区越来越令人担忧。广阔的领海和专属经济区，加上缺乏执行沿海国主权经济权利的能力，意味着有效控制捕鱼活动仍然是国家机构面临的重大挑战。在印尼广阔的海洋环境中，通过传统的以国家为中心的办法对付非法捕鱼已被证明是困难和基本上无效的。[3] 据印尼统计，2014年1月至2018年8月，印尼累计炸毁外国渔船488艘，其中越南272艘、菲律宾90艘、马来西亚73艘。[4] 印尼政府表示，自2014年10月以来，已有超过500艘非法船只以"被沉没"的方式处理。[5] 2014年11月至2017年9月，印尼总共炸沉渔船317艘，2014年13艘、2015年103艘、2016年120艘、2017年81艘。[6] 据此，2017年10月至2018年8月，印尼炸沉外国渔船171艘，数量不减反增，印尼的"沉船"政

① Shafiah F. Muhibat, "Indonesia's New Ocean Policy: Analysing the External Dimension", *Maritime Affairs: Journal of the National Maritime Foundation of India*, 2017, Vol. 13, No. 2.

② 尹楠楠：《印尼佐科政府外交特点、原因及挑战探析》，载《江南社会学院学报》，2018年第3期。

③ Dirk J, Steenbergen, "The Role of Tourism in Addressing Illegal Fishing: The Case of a Dive Operator in Indonesia", *Contemporary Southeast Asia*, 2013, Vol. 35. No. 2.

④ 连洁，何胜：《印尼越南为何频发渔业纷争》，载《世界知识》，2019年第10期。

⑤ 《海上冲突持续几天后印尼击沉51艘外国渔船，大部分来自越南》，http://news. ifeng. com/c/7mQG3X0mW9o。

⑥ 连洁：《印尼与邻国海上捕鱼争端探析》，载《国际研究参考》，2018年第3期。

策似乎并未达到"杀一儆百"的效果。

(三)"沉船"政策是否造成印尼与周边国家的紧张关系尚需观察

对外国非法渔船实行"沉船"政策，许多中外学者都认为会影响印尼与周边国家的关系。截至 2015 年 9 月，印尼海洋事务与渔业部部长苏西·普吉亚斯图蒂下令扣押的越南和菲律宾等国船只已超过 35 艘，这一强硬政策已引发越南和菲律宾政府的忧虑。[①] 面对"沉船"政策引发的国际舆论非议，印尼外交部宣称，印尼因非法捕鱼问题而受到了巨大损失，故其采取炸船等行动合法合理。可以预见，这种行为虽然在印尼国内会获得广泛支持，但势必引发国际舆论的谴责，印尼的东南亚邻国因此更对印尼"全球海洋支点"构想的实际意图有了顾虑。[②] 国际层面，经济和资源获取方面的区域强权政治的动态，以及印尼的外交能力，构成了一个不确定环境的背景，在这种环境中，雅加达的海上野心可能会遭到破坏。[③] 由于鱼类种群分布、生境联系和全球贸易，东南亚地区的许多渔业问题本质上是跨界的。而东南亚地区有许多尚未解决的海上边界争端和生物与非生物资源的所有权主张争议，非法捕鱼活动通常又跨越国界，这导致海上安全威胁，造成了更多的区域问题，加剧了许多国家之间现有的紧张关系。[④] 但是，如果考察这些外国非法渔船的行为，也许可以理解印尼"沉船"政策和周边国家似乎"无动于衷"的态度。例如 2015 年发生的两起海上人口贩运案件，受害者都是印尼周边邻国的贫民。第一起是在印尼偏远的东阿鲁岛的班吉纳，来自缅甸、柬埔寨、老挝和泰国的数百名渔民被印尼渔业部门从非法交易中解救出来；

---

① 安琪尔·达玛延蒂：《东盟—中国海洋合作：维护海洋安全和地区稳定》，载《中国周边外交学刊》，2016 年第 1 期。

② 刘畅：《试论印尼的"全球海洋支点"战略构想》，载《现代国际关系》，2015 年第 4 期。

③ Gede Wahyu, Wicaksana, "Indonesia's Maritime Connectivity Development: Domestic and International Challenges", *Asian Journal of Political Science*, 2017, Vol. 25, No. 2.

④ Robert Pomeroy, John Parks, Kitty Courtney, et al., "Improving Marine Fisheries Management in Southeast Asia: Results of a Regional Fisheries Stakeholder Analysis", *Marine Policy*, 2016.

第二起是数百名人口贩运受害者从安汶的外国渔船上被救出。还有许多人未被救出，包括至少 30 艘逃跑到巴布亚新几内亚的船只。被解救的渔民作证说，他们基本上每天要工作 18~22 小时，还常常有人被扔到海里。[①] 这些被印尼抓扣的非法渔船，涉及的渔业违法行为包括：停用船只监察系统、使用外籍海员和船长、在渔场外捕鱼、走私、海上转运、未在渔港卸货、没有拥有或与鱼类加工单位合作、使用非法燃油、伪造渔业日志、贩卖人口和强迫劳动、使用违禁渔具等；还涉及贩卖人口、走私、洗钱和贩毒。

实际上，印尼周边邻国也是受害者。2015 年东阿鲁岛班吉纳的人口贩运案件涉及缅甸、柬埔寨、老挝和泰国的数百名渔民，这也印证了下述说法：亚太地区是目前跨国人口贩运最大的来源地，东南亚和南亚又是亚太地区最主要的来源地，全球被贩运的人口约一半来自东南亚和南亚国家。据国际移民组织报告，近年来，犯罪集团利用越南作为偷运人口的目的地、来源和过境国，其最终目的地远至北美、欧洲或澳大利亚。[②] 泰国是跨国人口贩运最严重的国家，是跨国人口贩运的来源国、中转国和目的国，跨国人口贩运发生的概率非常高。2018 年，泰国劳工部需要引进 4 万劳工解决捕鱼工短缺问题。一些人口贩运分子抓住这一"市场机遇"，将大量劳工从周边国家贩运至泰国，以获取高额利益。

（四）"沉船"措施虽有一定的根据却显极端

许多外国非法渔船是在印尼东部地区被抓，如阿鲁岛、马鲁古岛。印尼东部和澳大利亚在帝汶海和阿拉弗拉海有一个共同的长约 2000 千米的海域边界，澳大利亚在 1979 年正式宣布 200 海里的捕鱼区，这使印尼东部渔业社区赖以生存的传统渔场成为澳大利亚管辖范围的组成部分。澳大利亚1991 年的《渔业管理法》授权拦截印尼非法入境渔船，如果渔民被认为从事

---

① Ioannis Chapsos, Steve Hamilton, "Illegal Fishing and Fisheries Crime as a Transnational Organized Crime in Indonesia", *Trends Organ Crim*, 30 January 2018.

② International Organization for Migration, https://www.iom.int/news/viet-nam-combats-people-smuggling.

非法捕鱼活动，澳大利亚海军巡逻艇会来拦截和扣押他们。对渔民的惩罚不仅仅是罚款，渔获物和设备被没收，船只被法院宣布没收并烧毁。[①] 2008年3月和4月，澳大利亚海军扣押了33艘印尼渔船，指控其在澳大利亚渔业区内非法捕鱼。2008年6月，一艘印尼渔船因在阿拉弗拉海的澳大利亚专属经济区从事非法捕鱼而被澳大利亚海洋安全局扣押和焚烧。[②] 近年来，印尼本国渔船频频遭到澳大利亚等国的扣押与烧毁，这推动着佐科政府采取相应的强硬措施应付外国非法捕鱼。[③]

澳大利亚当局焚烧渔船对渔业社区造成了毁灭性的打击，船只的损失严重影响了渔民的生计，造成了印尼东部传统渔业社区渔民的大规模流离失所和贫困。2000年以来，印尼东部地区由于贫困和宗教冲突而经历了社会动荡。为了安全起见，人们从他们的村庄，包括沿海村庄搬到其他沿海村庄，并抛弃了他们的财产。当然，今天最普遍的乡村冲突通常还是由于当地的政治事件。还有该地区人口压力的增加，引发对沿海资源权利的冲突。[④] 印尼东部偏远的沿海社区以及巴布亚新几内亚和东帝汶不仅为IUU捕捞提供了中转站，IUU渔业经营者还能够通过利用在印尼东部偏远沿海社区的业务活动维持其在印尼的犯罪活动。这些使得印尼东部沿海地区的渔民极为支持政府的沉船措施，"沉船"政策具有很强的民意基础。但是，尽管如此，印尼的沉船措施还是显得"刻意"，也有违《联合国海洋法公约》第292条"船只和船员的迅速释放"。因而有学者认为，佐科政府面临建设"全球海洋支点"的两难抉择：一方面政府表现强硬，有着巩固自身民意基础的目的，也受制于国内民族主义情绪；另一方面，与世界主要国家加强合作，倚重外部资金来实现本国发展目标，这又是印尼唯一选择。一方面为了国

---

① Ruth Balint, "The Last Frontier: Australia's Maritime Territories and the Policing of Indonesian Fishermen", *Journal of Australian Studies*, 1999, Vol. 23, No. 63.

② Dikdik Mohamad, Sodik, "IUU Fishing and Indonesia's Legal Framework for Vessel Registration and Fishing Vessel Licensing", *Ocean Development & International Law*, 2009, 40: 249-267.

③ 陈翔：《印尼非法捕鱼问题的安全化透视》，载《东南亚研究》，2018年第4期。

④ Umi Muawanah, Robert S. Pomeroy, Cliff Marlessy, "Revisiting Fish Wars: Conflict and Collaboration over Fisheries in Indonesia", *Coastal Management*, 2012, 40: 279-288.

家大计，一定要敞开大门，但另一方面又必须迎合国内选民的心态，不时展现出一种不计后果的强硬，这实际上成为困扰印尼下一步外交政策乃至国家发展的难题。①

　　总之，佐科政府"沉船"政策虽显极端却甚得民意，既表明政府的决心，又提高了政府的威望，是佐科实施海洋强国战略的一个切入口。因此可以预见，佐科政府未来还将继续实施"沉船"政策。

① 《印尼建设"全球海洋支点"的两难抉择》，https://www.renrendoc.com/p-16479499.html。

第五章　印度尼西亚海上反恐合作

印尼在全球海上安全方面占有举足轻重的地位，它位于连接印度洋和太平洋的两条航线之间，与马六甲海峡和新加坡海峡、龙目海峡、巽他海峡三条交通海道的海域相连，在世界航运贸易中占很大比例。据估计，一年内有超过 300 万艘船通过印尼水域（这个数字是根据格林尼治时间 2013 年 12 月 12 日 08：30 在印尼水域航行的船只的数据得出的估计，只包括装有自动识别系统 AIS 的船舶）。[①] 这使得印尼在确保航道安全以打击海上恐怖主义方面的作用重大。鉴于该问题的经济和安全意义以及跨界性质，国际社会为确保海道安全做出了许多努力。引人注目的是，印尼加入了一些海事安全规则，如《国际船舶和港口设施保安规则》（International Ship and Port Facility Security，ISPS），但却没有加入"集装箱安全倡议"（Container Security Initiative，CSI）。[②] ISPS 规则和 CSI 都旨在改善港口和集装箱安全并阻止恐怖袭击。

一、印度尼西亚加入 ISPS

国际海事组织（IMO）的海事安全委员会及其海事安全工作组在"9·11"袭击后几个月内制定了《国际船舶和港口设施保安规则》。《国际海上人命安全公约》（SOLAS）于 2002 年通过了题为"加强海上安全特别措施"的新章 XI-2，从而实施了 ISPS，于 2004 年 7 月 1 日生效。ISPS 规定，从事

---

① Senia Febrica, "Why Cooperate? Indonesia and Anti-Maritime Terrorism Cooperation", *Asian Politics & Policy*, 2015, Vol. 7.

② 中国政府于 2002 年 10 月原则上同意加入"集装箱安全倡议"。2003 年 7 月 29 日，中国正式加入 CSI，美国专员邦纳和中国海关总署署长在北京签署了《原则性协议》。上海港于 2005 年 4 月 28 日加入 CSI，深圳港于 2005 年 6 月 24 日加入 CSI。参见安德鲁·S. 埃里克森，莱尔·J. 戈尔茨坦，李楠：《中国、美国与 21 世纪海权》，徐胜等译，北京：海洋出版社，2014 年，第 66 页。

国际航行的客船(包括高速客船)、油船、化学品液货船、气体运输船、散货船和高速货船等船舶应当符合 SOLAS 下述要求:①所有 300 总吨及以上的国际航行船舶安装自动识别系统(AIS);②所有 100 总吨以上的客船以及 300 总吨以上的货船,应在船体和内部舱壁上标记船舶永久识别号;③所有 300 总吨以上的国际航行船舶均需配备记录船舶历史的《连续概要记录》;④所有 500 总吨以上的国际航行船舶均需配备船上保安警报系统;⑤所有适用 SOLAS 的国际航行船舶,在船上应备有经批准的《船舶保安计划》;⑥所有适用 SOLAS 的国际航行船舶,要求经保安审核并取得《国际船舶保安证书》。

按照 SOLAS 规定,各缔约国将对国际航行船舶是否符合海上保安规定进行检查,对有明确理由认为船舶不符合要求的,将采取检查、延误、滞留、限制船舶操作、拒绝船舶进入港口、将船舶驱逐出港、要求船舶开往指定位置等强制措施。

从整体上看,印尼加入 ISPS,合作的利益大于成本。尽管 ISPS 要求印尼进行额外投资,但回报是巨大的。ISPS 为印尼提供了三大利益:首先,遵守 ISPS 为印尼港口和船舶继续全面参与全球贸易提供了保证。通过参与 ISPS,配备代码证书的印尼标记船舶将不会被禁止进入符合要求的其他国家海港。同样,在其他国家注册的符合 ISPS 的船舶也可以进入印尼国际海港,因为这些港口符合国际海事组织的国际安全标准。这是印尼政府寻求参与 ISPS 的主要动机,因为这是一项核心利益。政府高度重视这一点,参与 ISPS 有助于印尼保护悬挂其国旗的港口和船只,此外,不遵守 ISPS 的行为将使悬挂印尼国旗的船舶和港口受国际贸易的影响。由于印尼的进出口活动严重依赖海运,其大部分国际贸易货物(90%)通过水路运输。从事国际贸易的船舶需要遵守 ISPS,非 ISPS 船舶将被拒绝进入实施该规则的港口。其次,遵守 ISPS 给港口和船舶带来了额外的经济激励,因为在评估业务责任和确定保险费率时,《国际船舶保安证书》是海上保险的要求之一,这是印尼从反恐合作中获得的一项附带利益。尽管印尼政府和企业高度重视维持低保险费率,但这并不能直接受益于印尼的反恐措施。最后,参与 ISPS

有助于政府建立一个海上和海岸警卫队机构。印尼官员和政府文件指出，在全球采用 ISPS 将有助于印尼独立发展海上和海岸警卫队机构，这一利益可被视为印尼反海事恐怖主义努力的主要利益。设立海上和海岸警卫队机构将改善协调功能，并增加其海上执法力量。在 1998 年的政治改革之后，印尼计划建立一个民用海事机构来监控其 1.7 万余个岛屿。未来，海事安全协调委员会有望发展成为印尼海上和海岸警卫队机构的核心。然而，人力和设备方面的资源短缺仍然是这种发展的主要障碍。通过加入 ISPS，印尼已经得到其他国家的能力支持，包括日本、美国和澳大利亚，以建立其海岸警卫队。这包括专家的访问、培训和研讨会，以及日本承诺提供 137 艘巡逻船，美国提供 5 艘巡逻船和监视飞机，以装备该机构。[1]

二、印度尼西亚拒绝加入 CSI

"集装箱安全倡议"是由美国海关总署在 2001 年"9·11"事件发生后，于 2002 年 1 月提出的，2003 年 1 月生效。该倡议的主要目的是通过在集装箱到达美国港口之前发现并预先筛选集装箱，提高从世界各地运往美国的集装箱货物的安全性。CSI 要求美国政府允许美国海关与边境保护局（CBP）执法部门的美国官员团队与东道国的外国政府官员共同合作，在运往美国港口的预筛选容器中进行预筛选，购买预筛选设备以及辐射和核探测设备，建立信息技术。支持实施该倡议的技术（IT）基础设施，并在货物预定抵达美国港口 24 小时前提供货物的完整描述，并与美国海关与边境保护局共享关键数据、情报和风险管理信息。

美国海关与边境保护局定期评估一个国家是否符合 CSI，只有满足所有最低要求的港口才有资格成为该项目的一部分。部署在外国港口的美国 CBP 的执法官员充当了该倡议的执行者，因为他们有权对前往美国的高风险货物进行预筛选。除了部署美国 CBP 的执法官员以监测遵守情况，美国

---

① Senia Febrica, "Why Cooperate? Indonesia and Anti-Maritime Terrorism Cooperation", *Asian Politics & Policy*, 2015, Vol. 7.

CBP 还设立了评估处(Evaluations and Assessments Branch，EAB)。EAB 至少每两年进行一次定期评估，以调查加入 CSI 港口的运营情况，检查 CSI 方案的有效性，并确保与东道国政府的有效协调。EAB 审查港口的发展、检查和管理活动。在完成港口评估后，EAB 提交报告、建议和执行建议的行动计划。CSI 启动后，美国进行了外交劝说和游说。美国与包括海洋事务与渔业部、国防部、工业部、海关和税务部在内的一些印尼政府机构进行了联系，并解释了将印尼港口纳入 CSI 的好处。尤其是，他们的说服力集中在负责印尼海运集装箱的两个政府机构上：海关和税务部。尽管如此，印尼还是拒绝参与 CSI。

印尼不参与 CSI，主要原因是 CSI 提供的总收益低于合作成本。通过参与 CSI，各国将获得经济利益，集装箱将"快速进入美国商业"。如果发生恐怖袭击，来自 CSI 港口的集装箱将被给予"特殊连续性考虑"和"在入境港口得到便利处理"。对于依赖集装箱贸易的印尼，CSI 提供的合作奖励在经济上是有益的。集装箱贸易对印尼的经济非常重要，印尼超过 90% 的出口货物都是通过海运进行的；印尼对美国的出口也很重要，占印尼总出口量的 12.3%。但是，如果政府不参与 CSI，印尼的集装箱可以通过新加坡港口和马来西亚的巴生(Klang，2004 年 3 月 8 日加入 CSI)和丹戎帕拉帕斯(Tanjung Pelepas，2004 年 8 月 16 日加入 CSI)港口畅通无阻地进入美国市场，所有这些都符合 CSI。从印尼运往美国的集装箱中，超过 75% 已经通过新加坡和马来西亚 CSI 港口转运，印尼出口到美国的货物只有很小一部分通过直航运输。因此，印尼对美国的直接航运量还不到出口总额的 1%，这种情况减少了印尼参与 CSI 的动机。由于印尼企业已经遵循其他美国安全倡议，如海关贸易反恐伙伴关系和 24 小时规则，印尼加入 CSI 的积极性进一步降低。

具体来说，加入 CSI 的成本非常高。印尼高级政府官员解释说，作为这项倡议的一部分，印尼将需要在决策过程中接受外部权威条件。由于将外国海关执法官员安排在港口与印尼官员共同工作的做法以前从未存在过，政府将需要制定新的立法以支持其实施和调整其港口安全管理以适应这种存在。除了接受 CBP 执法官员，印尼政府还需要购买自动设备来共享信息，并扫描不符合 CSI 最低要求的高风险集装箱。[①] 此外，政府还必须确保 CSI 扫描和预先筛选离港集装箱不会给托运人造成延误，如果发生此类事件则需予以赔偿。印尼政府预计每年将额外支出至少 100 万美元，以满足 CSI 集装箱预筛选的要求。同时，CSI 带来的变化将导致较高的主权成本，印尼需要接受外部权威的监督来监控其港口安全。这一举措也会产生高执行成本[②]，如果印尼加入 CSI，实施这一倡议的经济负担由印尼政府承担。如果筛选过程造成企业财务损失，政府将需要额外投资购买新设备，培训人力资源，与 CBP 执法官员一起工作，并为企业准备补偿基金。

三、印度尼西亚不参与"防扩散安全倡议"

2003 年 5 月，美国总统布什在访问波兰时宣布发起"防扩散安全倡议"（Proliferation Security Initiative，PSI）。出台之初，美国一直没有明确界定其概念，只强调 PSI 是一种活动，而不是一个组织。直到 2004 年 7 月，美国

①　根据 CSI，美国海关与边境保护局官员被部署到海外 CSI 港口与东道国的同行开展工作。CSI 的合作伙伴国也可以派员到美国港口监控集装箱运往自己国家的港口。要加入 CSI，参与者首先要透彻分析港口基础设施的不足（包括人员配备的完整性），并解决突出问题。然后，为确保集装箱运输的安全性，参与者实施由四部分组成的工作程序，并与美国海关与边境保护局进行协商。(1)利用情报、标准化信息、风险管理以及自定位工具，鉴别和定位可能给恐怖活动提供便利的集装箱；(2)尽可能早的预审有风险的集装箱，最好在出发港，在到达参与成员国港口前；(3)采用先进的非侵入性检查检测技术（如放射性检测设备以及 X 射线和伽马射线）迅速预审驶往参与成员国港口的有风险的集装箱，如有必要，同时进行物理检查；(4)引入使用更安全的和更能明显揭示出可能遭受到干扰的集装箱。参见安德鲁·S. 埃里克森，莱尔·J. 戈尔茨坦，李楠：《中国、美国与 21 世纪海权》，徐胜等译，北京：海洋出版社，2014 年，第 63 页。

②　在监管负担方面，美国主流观点认为，国家遵循安全规定，这会产生相关的费用和时间上潜在的延误，这些是维护国际安全所要付出的代价，所有国家都需要对这些以及进入利润丰厚的美国市场的花费负责任。对于扫描系统，涉及在不同的检测技术和系统中的国家利益和商业利益，美国、中国和欧洲各重要公司都想让自己的技术被选用。例如，2006 年 2 月，中国同方威视股份有限公司新的 X 射线扫描仪被安装在都柏林的港口，花费 300 万欧元（400 万美元）。因为需要安装扫描设备和程序，所以要求改进港口基础设施。参见安德鲁·S. 埃里克森，莱尔·J. 戈尔茨坦，李楠：《中国、美国与 21 世纪海权》，徐胜等译，北京：海洋出版社，2014 年，第 74~75 页。

国务院的网站上才从性质、手段、目标等方面对 PSI 进行比较全面的概括，确定它是旨在世界范围内阻止运输大规模杀伤性武器及其运载系统和相关材料的全球倡议，是利用可支配的情报、外交、执法及其他手段阻止向受关切的国家和实体运输与大规模杀伤性武器相关的物项的全面反扩散努力的一部分，其目标是创造一个更有活力的、有创意的、积极的办法以防止转移或进出与扩散有关联的国家和非国家行为体。2003 年 9 月，美国白宫新闻秘书办公室公布了 PSI 拦截原则声明，这些拦截原则包括：①单独或与其他国家共同采取有效措施，禁止大规模杀伤性武器及其运载系统和相关材料向与扩散活动有关联的国家或非国家实体转移或进出；②采取可迅速交换有关可疑扩散活动的信息的统一程序，确保其他国家按 PSI 要求而提供的机密情报的保密性；③审查并努力加强各自为实现上述目标所必需的相关的国家司法权力，必要时以适当的方式努力加强相关的国际法及国际框架，以支持履行这些承诺；④在国家司法权许可的范围内，并且按照国际法和国际框架所规定的义务，采取具体行动，支持拦截大规模杀伤性武器及其运载系统或相关材料的货运。

参加国虽然对 PSI 没有正式的法律义务，但需要正式承诺、公开批准 PSI 及其拦截原则，并表示愿意采取措施支持拦截活动。这些措施包括：对目前执行海陆空拦截的国家司法权力进行评估并提供相关信息，加强有关司法授权；确定可用于支持 PSI 的国家资产（如情报、军事或执法）；提供联络点，建立适当的国内管理程序以协调反应能力；积极参加拦截训练演习及实际拦截；缔结相关的协议（如船只登临安排协议）或建立其他具体的合作基础。

美国也进行了积极的外交劝说，鼓励印尼参加 PSI，以便将重点放在阻止涉嫌运输大规模杀伤性武器的船只上。2006 年 3 月，美国国务卿赖斯访问了雅加达，并向印尼外长转达了美国希望印尼参加 PSI 的请求。2006 年 3 月 16 日，印尼外交部发言人表示，印尼拒绝了美国的请求。2006 年 8 月，美国负责国际安全和不扩散事务的国务卿首席副助理帕特里夏·麦克纳尼访问雅加达，再次劝说印尼参加 PSI。然而，尽管美国努力说服，印尼却没有加入 PSI。一方面，印尼认为本国已经参与了旨在防止大规模杀伤性武器扩散的其他合作渠道，参加 PSI 只是重复。印尼是一些旨在限制核武器扩散的多边倡议的缔约国，这些倡议包括《关于在航空器内犯罪和某些其他行为的公约》(1963 年)、《关于制止非法劫持航空器的公约》(1970 年)、《关于制止危害民用航空安全的非法行为的公约》(1971 年)、《核材料实物保护公约》(1980 年)和《不扩散核武器条约》(1970 年)；另一方面，对印尼来说，大规模杀伤性武器的扩散不是一个优先解决的问题，合作活动对帮助雅加达解决其海上安全问题几乎没有帮助。

此外，印尼认为，这项倡议是一项代价高昂的合作。PSI 的主权成本很高，因为尽管 PSI 没有规定强制性要求使一个国家在其决策过程中接受第三方，但 PSI 可以限制印尼根据《联合国海洋法公约》对其水域的安全控制权，可能会产生法律先例，挑战印尼作为沿海国家或船旗国所拥有的对其水域和注册船舶的安全的完全控制。除主权成本高外，这项倡议还可能带来高额的执行成本，特别是当一个参与国收到另一个国家的请求，要求对其水域或悬挂其国旗的船只实施禁航时。由于货物装运延误或损坏，特别是在虚假警报的情况下，禁令可能导致额外的经济成本，即潜在的额外成本，当额外费用出现时，利益相关者(政府、装货港、航运公司或托运人)将支付哪些费用。这一问题也引起了印尼政府的关注，因为每天有数百艘船在印尼水域航行；如果其中一艘船在印尼水域被禁航，印尼政府将对该法案负责。此外，成千上万艘在世界各地航行的船只在印尼注册船籍。作为一个船旗国，如果印尼同意在悬挂其国旗的船只上实施禁航行动，政府需要对这种行为造成的经济损失负责。

四、印度尼西亚拒绝"地区海事安全合作倡议"

2003 年，美国太平洋司令部与美国国务院合作，开始与亚太地区国家就"地区海事安全合作倡议"(Regional Maritime Security Initiative, RMSI)的发展进行概念性讨论。该倡议要求各国分享有关海上威胁的信息，规范决策程序，提高拦截能力，协调亚太地区各机构和部委之间的国际合作，以解决海上武装抢劫、海盗和其他跨国威胁的问题。2004 年 4 月 16 日，印尼海洋事务与渔业部发言人宣布印尼拒绝 RMSI。

美国发起这一倡议的部分原因是"在应对跨国海事威胁的具体措施执行方面进展缓慢"，美国利用其外交影响力开始与马六甲海峡和新加坡沿海国家讨论 RMSI。2003 年，美国太平洋舰队总司令法戈海军上将对马六甲海峡和新加坡海峡的安全表示关切，指出美国政府将海峡安全视为一个严重问题，并希望印尼加入美国领导的倡议。美国领导人最为明显的是愿意承担建立 RMSI 的费用，美国国防部提议拨款 200 万美元资助 RMSI 的实施。美国愿意协助参与国建立完整的海洋图景，培训其执法部门以对付有组织犯罪，并协助发展其国家海岸警卫队。如果印尼参与，RMSI 将提供三个核心利益。首先，根据这一倡议，印尼可以从美国获得新设备的援助，以建立"马六甲海峡完整运行图"的能力。其次，RMSI 提供培训、教育和军事演习，帮助参与国改进其决策结构，建立快速的国内和国际指挥和控制程序，以快速应对海上威胁，提高海上遮断能力。最后，RMSI 具有潜在的益处，因为它旨在帮助包括印尼在内的参与国增强人力资源并建立自己的海岸警卫队。

2004 年，当该倡议出台时，印尼正在发展本国的海岸警卫队。尽管如此，印尼政府发现 RMSI 提供低效益的原因有两个。第一，当美国在 2004 年出台 RMSI 时，印尼在各种媒体上一直被强调为海上抢劫、劫持和海上绑架犯罪猖獗的危险地区。然而，当印尼拒绝加入 RMSI 时，媒体报道的有关攻击数量已经大大减少。1991—2010 年，马六甲海峡和新加坡的持械抢劫事件统计数据显示，海峡地区的海上抢劫事件自 2001 年以来已呈下降趋势。印尼在 2004 年之前实施的针对船只武装抢劫行动已经开始显现出积极的结果，海峡中的海上抢劫与 RMSI 的启动之间的这种暂时性的脱节降低了印尼加入该倡议的利益。第二，由于印尼可以通过与美国的双边培训和设备交流的形式获得合作的好处，加入 RMSI 的激励措施进一步减少。印尼和美国自 2001 年以来加强了双边安全与防御合作，因此，在不参与 RMSI 的情况下，印尼同样可以通过双边渠道与美国合作。

另外，尽管经济成本较低，但参与 RMSI 会带来较高的政治和安全成本。媒体对这一举措的报道，对政府评估 RMSI 带来的成本和收益有一定的影响。法戈上将在 2004 年 3 月 31 日向美国国会作证时指出，在 RMSI 下的合作活动将包括"诸如此类……在高速船上部署特种作战部队，有可能让海军陆战队登上高速船只……进行有效的禁止"。由于法戈上将的声明引发了媒体风暴，议会中的反对党成员和印尼激进团体明白，美国在马六甲海峡的直接巡逻是向印尼提供的合作协议的一部分。一些激进派系表示他们打算将美国军队驱逐出马六甲海峡，海军和海上安全协调委员会担心参与 RMSI 可能会引起印尼激进分子的强烈反对，并使马六甲海峡成为"基地"组织和伊斯兰祈祷团更理想的目标。也有人认为，印尼拒绝参加 RMSI 是因为不愿"得罪"中国①，因为，有人怀疑美国的 RMSI 计划不仅是在马六甲海峡打击恐怖主义，同时也试图通过阻止中国从中东进口石油来遏制中国。②

五、印度尼西亚与中国的反恐合作

自 2006 年第一次防务安全磋商以来，中国与印尼的军事交流与合作不断加深。2013 年 11 月 11 日，中国空军特种部队和印尼空军特种部队在印尼西爪哇省万隆苏莱曼空军机场联合举行代号为"空降利刃—2013"的反恐军事演习，中方和印尼方分别派出 78 名和 127 名空军特种部队官兵参与联训仪式，并进行了空降兵跳伞、联合营救人质的反恐演练。③ 中国与印尼也在不断加强双边的反恐合作，中国的空军空降兵与印尼空军空降兵于 2014 年 10 月 27 日在中国境内举行"空降利刃—2014"联合反恐训练，这是继 2013 年中国、印尼空降兵首次成功举行联合训练后，中国军队与印尼特种

---

① Major Huang, "Building Maritime Security in Southeast Asia Outsiders Not Welcome?" *Naval War College Review*, 2008, Vol. 61, No. 1.

② Ruijie He, "Coast guards and maritime piracy: sailing past the impediments to cooperation in Asia", *The Pacific Review*, 2009, Vol. 22, No. 5.

③ 吕美琛：《新时期印尼反恐困境和策略》，载《东南亚纵横》，2015 年第 6 期。

部队在战术层面开展的又一次务实交流活动。联训科目紧紧围绕反恐训练，突出了反恐技术技能，通过联训，双方在反恐作战科目和技术上有很大提高。中国与印尼、菲律宾、泰国等国家举行了多次联合反恐演习，然而这些演习规模仍然较小、时间短、覆盖面窄，对恐怖主义尚未发挥足够的震慑作用。[①]

欧洲对外关系委员会的高级政策研究员杜懋之（Mathieu Duch-tel）在2017年的《海外恐怖：了解中国发展中的反恐战略》的政策简报中指出，中国应对国际恐怖主义的方式日益军事化，中国在联合国系统下发挥了积极负责的反恐作用，然而却少有重大的反恐议程，还未能担负起强有力的领导责任。在实践中，中国追寻的反恐战略大部分都在联合国系统外，主要通过多边渠道与双边渠道的交互，并越来越依赖军事力量。[②]

对于印尼与中国的海上安全合作，印尼国防部国防战略司总司长丹迪·苏森托认为，在打击恐怖主义活动和分裂主义这些广义的安全领域展开合作之后，印尼和中国将逐渐具备进一步合作的基础。对于进一步的合作，两国可以通过"信任建设机制""预防外交""冲突协调仲裁机制"来展开，战略层面的合作不但可以在共同应对分裂主义、与恐怖主义作斗争方面展开，而且可以在国防工业、战略储备和供应、海洋安全、灾难救济、人道主义援助、技术转让、教育与训练等方面走得更远。[③]

---

① 卢光盛，周洪旭：《中国与东南亚国家反恐合作的态势、问题及对策》，载《云南师范大学学报（哲学社会科学版）》，2016年第6期。

② 杜懋之：《中国海外反恐战略的演进》，载《国外社会科学》，2017年第2期。

③ 丹迪·苏森托：《印度尼西亚新防务战略解析——兼谈与中国在地区安全方面的合作》，载《东南亚研究》，2007年第5期。

第六章　印度尼西亚海上安全合作

一、印度尼西亚海上安全合作概述

印尼与别国开展海上安全合作，最早始于20世纪80年代与马来西亚组建安全联合部队以及与澳大利亚签订安全保障协定。2002年《南海各方行为宣言》颁布后，印尼开始逐渐尝试适度参与区域安全合作，以弥补国家经济增长能力有限所导致的国防能力建设不足等问题。2004年印尼与马来西亚、新加坡、泰国等国开展马六甲海峡安全合作之后，对其他与其海上安全有关的联合行动表现出了相对积极的态度。2005年，印尼与中国签署"战略伙伴关系"协定，确立了包括建立军事互访机制、发展军事工业、应对非传统安全合作等在内的28项加强双边关系的措施。次年，两国又确立了中国—印尼军事安全协作机制。2008年印尼与日本共同发布了非官方的《日印安全保障合作宣言》。2009年，印尼首次派遣国家安全部队人员参与由美国、日本、泰国和新加坡共同组织的"金色眼镜蛇"联合军事演习。[1]

随着全球化经济严重依赖海运贸易，世界贸易量的1/3、石油运输的一半要通过马六甲海峡和新加坡海峡。美国、中国、日本和印度等主要经济体在确保该地区航运安全方面都有利害关系，也使得东南亚沿海国家成为最受关注的国家，任何航运中断都会严重影响世界经济。但是，海上武装抢劫、海上劫持和绑架是该地区一个长期存在的问题，人们担心，海峡可能成为恐怖主义的目标，成为非法贩运人口和武器的避风港。虽然近些年来，沿海国家充分参与了基本的海洋合作，但区域外参与者引进安全框架

---

① 鞠海龙：《印度尼西亚海上安全政策及其实践》，载《世界经济与政治论坛》，2011年第3期。

的努力却引发矛盾心理或遭到了直接拒绝。例如，美国提出的"地区海事安全合作倡议"（RMSI）在媒体报道美国高速船只将在马六甲海峡进行反恐巡逻后受到强烈批评；"防扩散安全倡议"（PSI）仍被视为可疑。此外，东南亚以外地区也可能对该地区安全框架的建立产生抵制。

对于印尼海上安全合作的态度，有分析人士认为，印尼的大部分贸易都是通过龙目海峡和巽他海峡进行的，所以对马六甲海峡和新加坡海峡安全问题的关注程度比新加坡或马来西亚要小；印尼的注意力更多地集中在国内问题上，如经济发展、政治改革、领土完整和好战的极端宗教主义。对于印尼海军来说，打击海盗比起巡逻其广泛的海上边界、处理海上边界争端以及打击走私、抓捕非法捕鱼和防止环境恶化显得不那么重要。此外，印尼的执法能力受制于资金缺乏和船只维护不善，尽管印尼正在购置新的巡逻艇，并要求美国以培训和支持的形式提供军事援助以增强其执法能力。然而，印尼强调，外国军事存在是不可能的。

由于印尼一直处于世界地缘和国际体系的双重边缘位置，长期受到外部势力的影响，印尼各派政治力量深知独立自主的价值，都认识到偏向外部势力任意一方的结盟都会为其他势力干涉本国内政提供借口和机会。因此，尽管必须面对风云变化的国际环境，印尼的海洋战略始终以坚持独立自主作为最根本的出发点。对于马六甲海峡的安全，美国、日本、俄罗斯、印度、澳大利亚等大国都将马六甲海峡视为在亚太地区的重要关切，并不断加强在该地区的军事存在。美国还提出要在马六甲海峡建立多国的海军部队、海岸警卫队用于维护海上安全。这些做法都造成了对印尼本土的安全压力。面对域外势力的步步紧逼，2008 年在印尼出台的国防白皮书中有这样的表述："在东南亚地区，由于国际贸易运输要经过马六甲海峡及附近海域，因此马六甲海峡仍然是国际社会的焦点。马六甲海峡的战略地位使主要大国希望能在海峡安全上发挥直接的影响。"虽然"印尼在维护国家安全问题上也面临很大的挑战"，但是"对印尼而言，马六甲海峡的直接安全关乎马来西亚、新加坡和印尼的主权。从而，尽管印尼承认海峡其他使用者的利益，也同意他们以教育、培训和信息交流的方式间接参与马六甲海峡的安全维护"，但这并不意味着印尼能够接受区域外大国直接介入马六甲地区事务。① 为抵制海峡安全国际化，印尼不仅反复重申马六甲海峡安全只能由海峡沿岸国家负责，其他国家无权干涉的立场，而且还通过在各种官方和非官方论坛，强调一般海盗行为和海上恐怖活动的不同特征，阻止需要区域外力量介入海峡安全等观点的蔓延。②

印尼和马来西亚强烈抵制美国介入马六甲海峡的要求，主要源于其自身利益考虑。首先，尽管一些东南亚国家欢迎美国的军事存在并将其作为制衡周边大国或其他邻国、确保自身安全的"稳定器"，但是这一军事存在的前提是美国不得随意干涉这些国家的主权。其次，美国要求介入马六甲海峡减损了印尼和马来西亚的国家威望。如果选择追随战略将维护马六甲海峡安全的责任转交给美国来承担，意味着两国连维护自身安全的资格都没有，这无疑是对两国国家威望的巨大打击。再次，美国要求介入马六甲海峡的压力将打破该地区大国之间的平衡状态，很有可能引起连锁反应，引起其他大国对两国的不满，它们可以向两国施加压力或要求类似权利，导致印尼和马来西亚丧失对马六甲海峡的主导地位，沦为大国摆布的棋子，遭受"边缘化"的厄运。美国何时能够剿灭全部海盗，何时能够取得反恐战争的胜利，根本就是一个没有明确时间和清晰标准的未知数。一旦美国实质性介入马六甲海峡，那么就意味着它将在此处长期存在，印尼和马来西亚将不得不仰其鼻息。最后，美国要求介入马六甲海峡的压力将激化印尼和马来西亚两国的内部冲突。两国是东南亚国家中信奉伊斯兰教人口最多的国家，尽管两国自独立后就建立了世俗政权，但是宗教在国家的政治生活中仍旧扮演着重要的角色。在当前复杂的国际环境下，如果两国同意美国的要求，无疑会进一步激化极端势力对政府的仇视，促使它们采取更加暴力的袭击行为，美国的介入不仅不会增进海峡的安全，反而会使两国陷入更大的麻烦。两国通过改变合作模式，一是抵制了美国要求介入马六甲

① 吴艳：《印度尼西亚海洋战略探析》，载《战略决策研究》，2014年第2期。
② 鞠海龙：《印度尼西亚海上安全政策及其实践》，载《世界经济与政治论坛》，2011年第3期。

海峡的企图，维护了两国对马六甲海峡的主权以及管辖权，保卫了两国近几十年的奋斗成果，捍卫了《联合国海洋法公约》的权威；二是提升了两国的国际威望，稳定了国内的局势；三是还借此机会向国际社会争取经济和军事援助，以改进两国的技术、设备和信息、情报处理能力，提高两国的军事能力和现代化水平。总之，印尼和马来西亚在维护马六甲海峡安全这一问题上采取何种合作模式，从根本上来说是以成本为考量的。海盗与海上恐怖主义并未给两国造成什么实质性影响，而对它们进行打击和防范的成本甚高，美国军事介入的压力增加了两国不合作的成本，迫使两国不断改进合作模式。①

印尼位于一个主要的国际海上十字路口，印尼海域至少有六个重要的国际通航点：马六甲海峡、新加坡海峡、巽他海峡、龙目海峡、望加锡海峡和翁拜韦塔海峡。这些海峡及其在全球贸易中的突出作用，使印尼在维护该地区经济安全、和平与稳定方面具有战略地位。② 因此，无论在繁荣还是在安全方面，印尼高度重视航行安全和海事安全。对于航行安全，印尼前国防部长布尔诺默·尤斯吉安多罗（Purnomo Yusgiantoro）认为："海上自由和海上安全就像硬币的两面。为了保护海洋自由，我们必须确保海洋安全。在这方面，我想重申印尼在几个方面的立场：真正建立一个全面的海上安全，海洋必须不受暴力威胁，没有航行危险，没有自然资源困扰，不受违法威胁。'不受暴力威胁'是指不存在海盗、武装抢劫或恐怖主义等危害和破坏海洋活动的群体，'没有航行危险'是指海洋不受地理、水文条件恶劣或者助航标志欠缺等可能危及航运安全的威胁，'没有自然资源困扰'是指海洋不受污染等环境威胁和其他形式的海洋生态系统破坏，'没有违法威胁'是指海洋上不存在违反国家和国际法律的行为，包括走私、贩卖人

---

① 张杰：《冷战后印度尼西亚和马来西亚的马六甲海峡安全模式选择》，载《东南亚南亚研究》，2009 年第 3 期。

② Kresno, Buntoro, "Burden sharing: An alternative solution in order to secure choke points within Indonesian waters", *Australian Journal of Maritime and Ocean Affairs*, 2009, Vol. 1.

口、非法捕鱼、非法作业等。"①

日益严重的海盗及对船只的武装抢劫引起世界各国的高度重视，这些犯罪问题逐渐居于国际海事组织、《联合国海洋法公约》缔约国会议及联合国大会等一些组织的议程的首位。根据国际商会的国际海事局 1997 年年度报告，仅 1997 年在印尼群岛水域内和周围就报告了 47 次袭击事件，由于这一地区地理形势的复杂性，很多此类罪行没有向地方当局报告。对此，印尼认为加强国际、区域和双边合作是处理这一长期问题必不可少的条件。印尼对国家间数据和信息的不交换表示了担忧，同时建议举行区域讨论会。面对缺乏资金的困境，印尼十分倾向于向事件高频率发生地区派遣专家以讨论国际海事组织的《预防和打击海盗活动及对船只的武装抢劫指南》的执行问题。②

2004 年前六个月向国际商会的国际海事局报告的海盗袭击次数从 2003 年相应期间的 234 次减至 182 次，即便如此，遭杀害人数却从 2003 年相应期间的 16 人增至 30 人，而且有 8 艘船被劫持。印尼记录 50 起事件，而马六甲海峡则从 2003 年的 15 起增至 20 起。新加坡海峡 2004 年发生 7 起袭击事件。由于马六甲海峡海盗行为和持械抢劫的次数增加，人们又恐惧可能受恐怖分子袭击，因此强调必须采取行动并促成印尼、马来西亚和新加坡拟订协定与马六甲海峡海军巡逻队协调，以打击针对货船的海盗行为和恐怖袭击。据报将会由在其国家指挥下的各个国家的部队组成的工作队全年进行巡逻。③ 针对国际社会对马六甲海峡和新加坡海峡安全的高度关注，海峡的所有沿岸国于 2006 年 9 月在吉隆坡召开会议，以进一步加强它们之间的合作，以期通过现有的三边机制，实现确保马六甲海峡和新加坡海峡海事安全的目标。这些机制包括三边部长级会议、三边高级官员会议和三边

---

① Purnomo Yusgiantoro, "Maritime Safety and Freedom in South-East Asia", *Military Technology*, 2013.

② 1998 年联合国大会第 53 届会议第 68 次会议记录印尼代表埃芬迪先生的发言，联合国大会文件 A/53/PV. 68。

③ 2004 年联合国大会第 59 届会议秘书长关于海洋和海洋法的报告，联合国大会文件 A/59/62/Add. 1。

技术专家组。印尼还与海峡使用国和其他利益攸关方一起，讨论了协助沿岸国确保和维护本地区航行安全的责任分担机制问题。由于开展了合作，印尼以海上电子高速公路的形式在马六甲海峡和新加坡海峡安装电子导航图。印尼通过更新纸质和电子海图、安装助航设备、广播海洋灾害和天气预报、在某些地区巡逻等形式表明了为维护海上通道安全的持续努力，表明印尼在某种程度上承担了适应国际社会利益的义务。① 另外，在国内，印尼政府在 2006 年 11 月成立了一个新的机构——海事安全协调机构。该机构由负责政治、法律和安全事务的协调部长牵头，主要职责是负责协调各相关机构之间的协作，以确保印尼水域的海事安全。值得一提的是，在成立这个机构之前，印尼每年都要因马六甲海峡和新加坡海峡的走私活动而损失几亿美元。除了继续努力确保马六甲海峡和新加坡海峡的航行安全，印尼也在联合国大会上提出经过海峡的大量船只对环境造成的影响问题。在船只失事时，如果数以千计的汽车沉入马六甲海峡繁忙航道之一的浅水区，残骸若不及时清除就会对这个区域内的航行安全以及环境造成难以遏制的影响。印尼认为，船旗国或注册国尤其有义务，特别是在残骸清除出现拖延或延误时，将船主记入黑名单，并撤销他们的船只注册，直至船主履行责任，清除可能威胁到其他国家水域，特别是用于国际航行海峡航行安全的残骸。这种看法符合每个国家根据《联合国海洋法公约》规定所负有的一项一般义务，即尤其要在行政和技术方面对悬挂本国旗帜或在本国注册的船舶有效行使管辖和控制，以确保预防、减少和控制对海洋环境造成的污染。另外，在印尼这样的海峡沿岸国承担义务维护海峡航行安全并保护环境免受可能破坏的时候，那些要求沿岸国确保这些海峡安全的国家却拒绝迫使悬挂其本国旗帜或在本国注册的船只清除属于它们的残骸和沉没货物。

在 2006 年的联合国大会上，印尼代表指出："我们还与使用国和其他利益攸关方一起，讨论了协助沿岸国确保和维护本地区航行安全的责任分

---

① Kresno Buntoro, "Burden sharing: An alternative solution in order to secure choke points within Indonesian waters", *Australian Journal of Maritime and Ocean Affairs*, 2009, Vol. 1.

担机制问题。"①2005年9月，印尼和国际海事组织在雅加达召开会议，讨论马六甲海峡和新加坡海峡的安全、安保和环境保护问题。印尼认识到，根据《联合国海洋法公约》第43条，沿海国家和使用国在使用和维护国际海峡方面有分担负担的作用。此后，2006年2月，美国在加利福尼亚州阿拉米达举行了一次会议，参会国有印尼、马来西亚、新加坡、澳大利亚、德国、印度、日本、荷兰、挪威、菲律宾、韩国和英国。虽然会议的目标是协调潜在用户国对马六甲海峡/新加坡海峡沿岸国的援助，但在分担负担方面几乎没有进展。一方面，沿海国家希望分担包括提供安全和环境保护服务的费用。另一方面，用户国将分担视为一种更直接地参与解决海盗和恐怖主义威胁的海事安全措施的手段。美国和许多托运人强烈反对收取任何费用。相反，他们更愿意看到在使用任何用于海上安全和安保的资金方面都有更大的透明度和问责制。② 他们还希望马来西亚和印尼批准1979年《国际海上搜寻救助公约》、1979年《制止危及海上航行安全非法行为公约》(SUA公约)等。

　　2007年，印尼表示，2005年和2006年，国际海事组织收到有关包括马六甲海峡、新加坡海峡所发生的武装抢劫在内的亚洲地区海盗和武装抢劫船只事件报告的数目有所下降；2007年，这一积极趋势仍在继续。不过，印尼仍决心与马六甲海峡和新加坡海峡的其他沿岸国一道，确保该地区的航行安全。印尼认为，三个沿岸国建立三方技术专家组合作机制，是朝着这一方向迈出的坚定步骤。③ 2009年，印尼表示坚定不移地致力于打击毗邻该国管辖水域的公海上的武装抢劫和海盗行为。印尼与其他沿海国家一道，继续加强合作，打击马六甲海峡和新加坡海峡的武装抢劫和海盗行为。由于采取了这些协调一致的措施，该区域的海盗和武装劫船事件大幅减少。④

---

　　① 2006年联合国大会第61届会议第69次会议记录印尼代表图吉奥先生的发言，联合国大会文件A/61/PV.69。

　　② David Rosenberg, Christopher Chung, "Maritime Security in the South China Sea: Coordinating Coastal and User State Priorities", *Ocean Development & International Law*, 2008.

　　③ 2007年联合国大会第62届会议第65次会议记录印尼代表Bowoleksono先生的发言，联合国大会文件A/62/PV.65。

　　④ 2009年联合国大会第64届会议第56次会议记录印尼代表布迪曼先生的发言，联合国大会文件A/64/PV.56。

美国学者认为，即使新加坡、马来西亚和印尼加强了反海盗联合巡逻，国际海事组织的报告仍然表明，2007 年印尼周边海域船舶遭受袭击的次数多于世界其他地区。2008 年和 2009 年，发生于印尼群岛水域的海盗袭击数量稍少。

对于印尼水域海盗活动的猖獗，美国学者认为，商船可预测的活动模式某种程度上使其成为吸引海盗的目标，尤其是在机动空间受限的水域，例如遍及东南亚的群岛和海峡，商船在其中往往只能低速行驶，拥堵的交通使商船很少能有避开浅水区的机动空间。国际海事组织的"2007 年海盗报告"详述了若干有组织、有装备、有资金支持的团体在东南亚海域对此类易受破坏的商船进行袭击的案例。2007 年 3 月 14 日，洪都拉斯籍的成品油轮"爱丸"号行进至印尼群岛的宾坦岛东 30 海里处遭到袭击和登临，10 个全副武装的海盗乘 2 艘快艇发动了有组织的攻击，在登临并控制了油轮后，用枪对船员进行威胁，然后将他们绑起来并蒙住他们的眼睛。海盗抢劫了他们所搜集到的船上所有的贵重物品，然后破坏了船舶上所有的通信设备，最后乘快艇逃跑。而报告中最令人不安的事件，也许是 10 艘载着手持武器的袭击者的快艇对停靠印尼龙目岛的香港籍货轮"太平洋发现者"号发动的袭击。很明显，这些袭击并非业余或小规模的罪犯团体所为。美国学者认为，这些及其他的袭击说明，国际海运系统在关键地区存在风险，原因是海岸线漫长、资源稀缺、犯罪分子和恐怖组织避难所众多的沿海国本身不能提供必要水平的治理与安全。[1]

2010 年，印尼指出，已在全球、区域和国家各级采取广泛行动，以应对海事安全问题，包括海盗和海上武装抢劫问题。印尼认为，马六甲海峡和新加坡海峡的合作机制为解决武装抢劫和海盗问题所做的长期综合努力，仍然是打击海盗行为和海上武装抢劫的最佳做法和适用机制。[2] 2011 年，印

---

[1]　安德鲁·S. 埃里克森，莱尔·J. 戈尔茨坦，李楠：《中国、美国与 21 世纪海权》，徐胜等译，北京：海洋出版社，2014 年，第 168 页。

[2]　2010 年联合国大会第 65 届会议第 58 次会议记录印尼代表埃尔温先生的发言，联合国大会文件 A/65/PV.58。

尼重申，承诺打击邻近该国管辖水域的公海武装抢劫和海盗行为。印尼和沿岸国合作，继续努力消除马六甲海峡和新加坡海峡这一令人关切的现象，相关事件在继续减少。[①] 但是，印尼的海上治理能力还有待提高，当前除了保障马六甲海峡的安全，印尼方面的海上安全行动仅仅体现在打击非法走私和捕鱼上。[②]

对于新兴国家印尼而言，海洋安全治理实践与海洋外交的开展是同步的，参与地区与国际海洋事务是其一个重要方面。[③] 2010 年，根据《东盟政治安全共同体蓝图》，东盟成立了东盟海事论坛，为东盟国家的海洋安全合作提供了新的平台。2012 年，东盟海事论坛扩大会议召开，使其成为又一个以东盟为中心的国际多边合作机制。论坛的议题包括防务、海洋安全、渔业合作、打击海盗、人道主义救助、科学考察等涉及海洋合作的各种议题。总体上，国际合作是东南亚国家应对地区海事安全的基本选择，美国、日本与中国愿意并积极参与东盟推动的地区海事安全合作。东盟海事论坛及扩大会议的功能性合作有助于保障东南亚海域的安全，提高东盟国家的海事行动能力，提升东盟总体的地区治理能力。[④]

二、印度尼西亚与美国军事合作

2004 年 12 月 26 日，印尼遭受重大海啸，美国立即提供了人道主义援助，派出大量舰船和人员参与救灾。2005 年，美国针对印尼的"国际军事教育和训练项目"（IMET）恢复，并在爪哇岛同印尼举行了"海上戒备、合作和训练"的联合军事演习。2006 年，印尼首次参加了美国同亚太国家定期举行

---

① 2011 年联合国大会第 66 届会议第 76 次会议记录印尼代表汗先生的发言，联合国大会文件 A/66/PV.76。

② 马博：《"一带一路"与印尼"全球海上支点"的战略对接研究》，载《国际展望》，2015 年第 6 期。

③ 葛红亮：《新兴国家参与全球海洋安全治理的贡献和不足》，载《战略决策研究》，2020 年第 1 期。

④ 周玉渊：《东南亚地区海事安全合作的国际化：东盟海事论坛的角色》，载《外交评论（外交学院学报）》，2014 年第 6 期。

的"金色眼镜蛇"军演。2009 年印尼与美国签署"全面伙伴关系"协定后，两国安全关系进一步发展，美国和印尼也开始定期举行联合军事演习，包括年度"联合海上备战和训练"（EXERCISE CAR—TAT）演习以及美国陆军太平洋战区司令部与印尼陆军定期举行的"神鹰盾牌"（Garuda Shield）联合军事演习等。美国与印尼之间也建立起了安全对话机制，2010 年 6 月，两国签署《关于防务领域合作活动的框架安排》，确定了"印尼—美国安全对话"和"防务规划对话"等安全对话机制。

2015 年 10 月，印尼佐科总统首次访问美国时，与奥巴马总统将双边关系由"全面伙伴关系"升级为"战略伙伴关系"，将合作扩大到具有地区和全球意义的问题上。在海洋合作方面，两国签署了《海上合作谅解备忘录》，涉及七个方面内容：保护沿海社区和渔业，打击 IUU 捕捞，扩大海洋科学与技术合作，改善海关和国际港口的安全性，促进海洋产业可持续发展，协助海洋产业中的被强迫劳动者并鼓励司法正义，协助和保护非正规移民运动。①

在军火贸易与军事援助方面，2006 年美国为印尼提供 100 万美元援助，2010 年为 2000 万美元，增幅十分明显。近期，印尼已成为东南亚地区接受美国军事援助前三位的国家之一。此外，印尼与美国的军火贸易也不断增加。2012 年以后，美国对印尼的武器出口显著增长，成为印尼重要的军火贸易伙伴。除直接的武器出口外，"国际军事教育和训练项目"也是美国为印尼国防现代化提供援助的重要渠道，有助于促进印尼武装力量现代化和专业化。由于美国和印尼关系的持续升温和美国对印尼更为倚重，美国决定对印尼增加军事援助，以此肯定和鼓舞印尼的"民主化"进程。

美国与印尼开展安全合作深受国际环境变化的影响，也符合美国和印尼双方的需要。两国通过高层互访、军事援助和军事演习等进行安全合作，美国有效地推进了自己的亚太战略，并且巩固了反恐"第二战线"；印尼也有所获益，美国的军事援助促进了其军队现代化改革，增强了印尼维护国

---

① 管宝埙：《结构现实主义视角下印尼佐科政府的"全球海洋支点"战略》，外交学院博士论文，2020 年。

家安全的能力，并且巩固了其在东盟的地位。但是美国与印尼的利益也并非完全一致，印尼国内长期存在反美势力，伊斯兰教团体也对美国的反恐战略怀有异议，而美国则抓住其一贯关注的"人权问题"干涉印尼内部事务，引起印尼国内激烈的反对。从长期来看，印尼与美国的安全合作将会继续，但印尼并不会完全依附于美国，而是争取同时平衡与中国、日本、印度等大国的关系，从而更加有效地保护自己的国家利益。[①]

三、印度尼西亚与印度安全合作

印尼与印度的海洋安全合作在 21 世纪以前水平较低，合作领域相对有限。从 2002 年开始，印尼与印度的海洋安全合作逐步展开，多为两国的海上联合军事演习，合作的深度与广度均保持在一定限度。自 2005 年起，印尼与印度两国总体关系不断升温，海洋安全合作随之进入新的发展时期。一是海上联合军事演习不断加强。自 2015 年 10 月起，印度—印尼开始联合举办一年一度的"印度—印尼双边海洋军事演习"，扩大双边海军的战略合作。二是海洋安全合作机制不断完善。印尼与印度于 2002 年开始在相邻海域定期展开海上联合巡逻，共同打击海盗、毒品贩卖、枪支走私等海洋安全问题，至 2019 年 3 月，两国已经举行了 33 次海上联合巡逻。2014 年，印度海军、海岸警卫队和印尼海军互访双方港口，高层代表团也进行互访，这种专业性互动增强了双方政策的协同性。2015 年，双方又通过举行第四届军事人员对话和第七届海军人员对话，实现了作战、训练和能力建设领域的合作。在 2017 年印度国防秘书莫汉·库马尔（Mohan Kumar）访问印尼时，还提出为其提供潜艇技术训练的计划，以期进一步深化双边海上防务合作。2018 年 5 月，印度总理莫迪访问印尼期间，双方正式公布一份具有里程碑意义的《印度洋—太平洋区域海洋合作共同愿景》文件，并首次使用"印度洋—太平洋"作为双边关系框架，将之框定在双方共同商定的区域建

---

① 凌胜利，梁玄凌：《"9·11"事件后美国与印度尼西亚安全合作探析》，载《东南亚纵横》，2016 年第 4 期。

构概念之内。① 双方签署了国防合作协议，包括加强在军事对话、联合演习、海上安全及恐怖主义等问题上的合作，还宣布两国将共同开发具有重要战略意义的印尼西部港口城市沙璜。② 三是签署多项海洋安全协议③，为两国海洋安全合作提供宏观性指导。

四、马六甲海峡安全合作

印尼专属经济区涵盖马六甲海峡和南海南部部分海域，拥有年均近1000万吨的渔业产量和超过900万吨的水生植物产量，这使印尼成为仅次于中国的南海海域第二渔业大国。南海和马六甲海峡的重要意义不仅在于海洋资源，更主要的是海上交通线，战略地位重要。西南方延伸至新加坡以及马六甲海峡，东北方向到达台湾海峡的南海海域，是世界上最为重要的能源运输要道之一。联合国贸易和发展会议（UNCTAD）表示，2013年全球30%的海上贸易和60%的石油和天然气都是从霍尔木兹海峡出发途经马六甲海峡以及南海海域。途经马六甲海峡和南海的日均石油运输量在过去

---

① 刘艳峰：《印尼佐科政府的"印太愿景"论析》，载《和平与发展》，2019年第5期。

② 莫迪上台后，将针对东亚地区的"东向"政策升级为"东进"政策，进一步加强了同东南亚国家的经济和安全合作。2015年印度出台《印度海洋安全战略》和《印度海洋学说》作为莫迪政府指导海洋发展的官方战略文件，更加重视对外海上安全合作。东南亚地区恰好处于印度洋与太平洋的交界处，是连接两大洋的咽喉要道，其所占据的地缘位置具有重要的战略意义，这促使印度将东南亚国家列入其重点关注对象。2015年版《印度海洋安全战略》进一步调整了印度海洋利益区的划分，首要利益区包括：（1）印度沿海地区及专属经济区，如海岸线、岛屿、内海、领海、毗连区、专属经济区和大陆架；（2）阿拉伯海、孟加拉湾、安达曼海及其邻近海域；（3）波斯湾及其邻近海域；（4）阿曼湾、亚丁湾、红海及其邻近海域；（5）西南印度洋包括相应岛国以及东非海岸邻近海域；（6）印度洋边缘的咽喉要道（诸多海峡）；（7）其他环绕印度海上通道的海域。次要利益区包括：（1）东南印度洋，包括前往太平洋及邻近海域的海上航道；（2）南海、东海、西太平洋及其邻近海域；（3）南印度洋地区包括南极；（4）地中海、西非海岸及邻近海域；（5）其他攸关印度海外公民、投资和政治利益的海域。缅甸、泰国、马来西亚和印度尼西亚属于孟加拉湾、安达曼海沿岸国。其次，泰国、马来西亚、新加坡和印度尼西亚四个国家扼守着对印度来说最为重要的一个印度洋边缘要道——马六甲海峡，所以这五个国家（缅甸、泰国、马来西亚、印度尼西亚、新加坡）都处于印度首要海洋利益区之内。参见刘磊，于婷婷：《莫迪执政以来印度与东南亚国家的海上安全合作》，载《亚太安全与海洋研究》，2019年第1期。

③ 李次园：《印度—印度尼西亚海洋安全合作：新特征、逻辑动因与未来动向》，载《太平洋学报》，2020年第8期。

20 年来经历了大幅提升。据美国国防部报道，世界海上石油运输的 25% 和天然气运输的 50% 都会途经马六甲海峡。据估算，马六甲海峡 2009 年每天过境的船只有 6 万艘，每天石油运载量为 1360 万桶。[①]

马六甲海峡形似漏斗状，其西北部为安达曼海，二者以泰国普吉岛的南端（北纬 7°45′30″，东经 98°18′30″）至苏门答腊岛西北端的佩德罗角连线为界；东南与新加坡海峡为邻，二者的边界为从皮艾角（Cape Piai）起经过卡里摩岛南端（北纬 1°09′55″，东经 103°23′25″）再到郎桑岛北岸科达布角的连线。马六甲海峡长约 1066 千米，西北口宽 370 千米，东南口宽 37 千米，一般水深 25～113 米；深水航道位于马来西亚一侧，其宽度仅 2.7～3.69 千米，一般水深 25.6～73 米。新加坡海峡长约 111 千米，西口宽 18 千米，与马六甲海峡相连，东与南海相邻，一般水深 30～60 米。通航水道大部分宽 13.5 千米，最窄处约 2 千米，水深 22～151 米。[②]

然而，这片海域不仅为各国的经济发展提供了条件，也带来了不断增加的跨国犯罪尤其是海上犯罪。在海盗威胁方面，据国际海事局（ICC‐IMB）的报告，2003—2006 年，马六甲海峡和新加坡、印尼、马来西亚沿岸海域共发生了 513 起海盗袭击事件，占全球海盗袭击事件的近 36%。2011 年版的报告则指出，2007—2010 年，该地区的海盗袭击事件下降至 240 起。这可能是印尼、马来西亚和新加坡政府自 2005 年 7 月开始的联合打击马六甲海盗行动的结果。但是，这一数据在 2011—2014 年又回升至 453 起。在 2015 年上半年全球 134 起海盗和武装抢劫船只事件中，有超过 1/3 发生在邻近印尼的海域，因此海盗袭击也时常令亚太国家感到担忧。[③]

马六甲海峡的海盗袭击事件自 2005 年以来确实大大减少，根据国际海事局的数据，从 2009 年 1 月 1 日到 9 月 30 日，亚丁湾和索马里海岸的海盗袭击数量是 290 起，同期马六甲海峡的海盗行为是 26 起。东南亚海域，特

---

① 国家海洋局海洋发展战略研究所课题组：《中国海洋发展报告（2012）》，北京：海洋出版社，2012 年，第 17 页。
② 薛力：《"马六甲困境"内涵辨析与中国的应对》，载《世界经济与政治》，2010 年第 10 期。
③ 安琪尔·达玛延蒂：《东盟—中国海洋合作：维护海洋安全和地区稳定》，载《中国周边外交学刊》，2016 年第 1 期。

别是马六甲海峡的海盗袭击事件的大量减少，归功于沿海国家合作实行的反海盗措施，以及国际社会的共同努力。①

由于面临着国际社会越来越大的压力，并认识到沿海国家在解决马六甲海峡海盗问题上的责任，印尼、马来西亚和新加坡于2004年7月20日发起了第一个三方巡逻队，进行全年的协调性海军巡逻。这三个国家都拒绝美国力量在该地区的出现。三个沿岸国家达成一致，同意用17艘船巡逻它们各自在马六甲海峡的900千米海域，并通过24小时通信联系来协调它们的行动。这一安排指出了在狭窄的航道面临的法律挑战，一国舰艇追捕海盗的权利可以超过该国的领土海域，或者说，在追捕海盗时，这三个国家都允许另两国的军舰进入本国海域。2005年9月，马来西亚、新加坡和印尼发起了协调性空中监视行动，并命名为"天空之眼"，每个国家每周在马六甲沿岸和新加坡海峡巡逻两次，每架飞机上的海洋巡逻队都由各参与国的军事人员组成。为了提高海上和空中巡逻队的效率，三国于2006年4月就标准的操作程序和涉及的费用达成了一致，并将联合行动重新命名为"马六甲海峡巡逻"。马六甲海峡巡逻包括3个组成部分：马六甲海峡海上巡逻、天空之眼和情报交流小组。情报交流小组发展了马六甲海峡巡逻信息系统，提高了三国间在海上的协调和环境觉察力。2008年9月，随着泰国加入马六甲海峡海上巡逻和天空之眼，马六甲海峡巡逻得到了一个改进，泰国进行巡逻的地区是靠近马六甲海峡北部的安达曼海域。①

印尼与马来西亚两国通过加强在马六甲海峡上的合作，遏制和打击了马六甲海峡的犯罪活动，有效地改善了马六甲海峡的安全局势。根据国际海事组织的统计，发生在当地的"海盗"袭击案件从2004年的85起(25起未遂)逐年下降到2005年的30起(10起未遂)，2006年的22起(6起未遂)，2007年的12起(6起未遂)。两国的积极合作为过往船舶提供了安全保障，降低了船舶的保险费用以及运载货物的成本。两国所做出的努力得到了其

---

① 金锡均，许丽丽：《东亚海洋安全倡议——评价与前景》，载《南洋资料译丛》，2012年第4期。

他国家，特别是马六甲海峡主要使用国和相关国际组织的称赞。①

在地区层面，东盟在与海盗和恐怖主义斗争方面做出了重要努力。2003年，东盟地区论坛发布了《反对海盗和其他海洋安全威胁的联合声明》，承诺：增加人员联系、信息交流和反海盗演习，考虑在为高级油轮规定的航道上进行海岸警卫或海军护卫，并提供技术援助和基础设施建设。

尽管同上个10年相比，马六甲海峡犯罪活动数量已经大幅下降，但在2016年和2017年，这一数字又略有回升。其主要原因在于东南亚非法燃料市场的不断壮大，燃料偷窃支撑了非法市场，又引起印尼、马来西亚、新加坡和越南海域一系列海上犯罪事件的普遍上升。②

马六甲海峡对于中国、日本、韩国三国均具有十分重要的意义，统计数据表明，中国外贸货物的90%以上是通过海运完成，而其中大约50%必须经由马六甲海峡。日本对外贸易总额中近50%必经马六甲海峡，韩国从中东国家进口的石油绝大部分也同样要经过马六甲海峡。总之，中国、日本、韩国的进口能源资源和对外贸易的海运对马六甲海峡的依赖度都非常高。③

2004年，印尼、马来西亚和新加坡在马六甲海峡加强了巡逻力度，共同打击海盗。2006年，印度海军和海岸警卫队也加入了马六甲海峡的多国反海盗巡逻队。然而，这种国际合作必须获得沿岸国的同意。2005年6月，时任美国国防部部长的拉姆斯菲尔德在新加坡出席第四届亚洲安全会议期间，提及沿岸国海军力量难以应付海盗和恐怖袭击，并称美国愿意与沿海国家组成联合巡逻队，确保马六甲海峡安全，但是遭到马来西亚与印尼的拒绝。可见，即使拥有强大的海军力量，在没有沿岸国同意的情况下，依然无法解决海盗等非传统安全威胁。④

---

① 张杰：《冷战后印度尼西亚和马来西亚的马六甲海峡安全模式选择》，载《东南亚南亚研究》，2009年第3期。

② 托马斯·丹尼尔：《影响马来西亚海上安全政策与立场的诸问题》，载《南洋资料译丛》，2018年第3期。

③ 王斌传：《非政府组织参与马六甲海峡航道安全管控研究》，载《江西社会科学》，2016年第4期。

④ 梁亚滨：《中国建设海洋强国的动力与路径》，载《太平洋学报》，2015年第1期。

中国是马六甲海峡的主要使用国之一，积极参与了海峡航行安全合作。第一，积极参加涉及马六甲海峡海上安全的国际会议。2004年以来，中国开始参加涉及马六甲海峡海上安全的国际会议，并向海峡沿岸国家明确表示中国参与海峡海上安全合作的意愿。2005年9月，中国代表在印尼雅加达举行的有关马六甲海峡和新加坡海峡安全的国际会议上表示，国际社会在维护海峡航行安全方面应合作，中国支持海峡沿岸国家维护海峡主权与安全和它们在海峡安全事务中的主导地位，中国愿意积极参与海峡海上安全合作。2006年，中国政府派出代表团参加了有关马六甲海峡和新加坡海峡安全的吉隆坡会议。2007年，中国参加了在马来西亚举行的马六甲海峡海上安全与海洋环境保护研讨会。2007年11月20日，中国政府总理在第11次中国与东盟峰会上指出，中国是马六甲海峡使用国之一，中国致力于通过对话与合作参与维护海峡海上安全，中国有积极意愿参与有关合作项目。第二，强化同马六甲海峡沿岸国在海峡安全方面的合作。2006年7月，中国和马来西亚两国交通部门签署了《中国与马来西亚海上合作谅解备忘录》。根据该备忘录，两国在涉及海峡安全的多个层面开展合作。2015年9月17日至22日，中国、马来西亚两国在马六甲海峡及其附近海域举行了"和平友谊—2015"的联合军事演习。两国海军演练了联合护航、搜救和解救被劫持船只及在马六甲海峡沿岸进行人道主义援助与救灾行动等多个科目。通过联合演习，加强了两军防务交流与合作，提高了共同应对海上安全威胁和维护地区海上安全的能力。2008年1月，中国与新加坡签署《中新两国国防部关于开展防务交流与安全合作的协定》，启动了防务对话机制。2009年6月，中国和新加坡两军在桂林举行首次安保联合训练。2010年11月，中国和新加坡两军在新加坡举行了"合作2010"陆军安保联合训练。2015年5月，中国和新加坡海军联合举行了"中新合作—2015"海上演习。海上合作是中国与印尼战略伙伴关系的重点领域，2012年3月，两国外长签署了《中国与印尼海上合作谅解备忘录》，同意加强海上合作。根据该备忘录，两国建立中印尼海上合作委员会和中印尼海上合作基金，深化海洋领域合作。同年12月6日，中国外交部副部长傅莹和印尼副外长瓦尔达纳在北京共同主持了中印尼海上合作委员会首次会议。2013年12月10日，中印尼海上合作技术委员会第八次会议在印尼万隆举行，双方表示将继续深化在航行安全和海上安全等领域的务实合作。第三，支持海峡沿岸国提升海峡安全的能力建设。为此，中国向海峡沿岸国家提供培训服务。2008 年 11月，中国交通运输部和中国海事局联合在珠海举办了海峡沿岸三国海上事故调查培训班。2012 年 9 月，中国交通运输部和大连海事大学联合举行了马六甲海峡和新加坡海峡周边国家海上安全与防污染培训班。这些培训班有助于提升海峡沿岸国在加强航行安全方面的能力建设。第四，积极支持和参加多边机制为马六甲海峡海上安全所做的努力。2005 年 9 月，中国在马六甲海峡和新加坡海峡海上安全雅加达会议上，对国际海事组织在积极推动各方加强海峡安全、安保和防污染等方面合作所做的努力表示高度赞赏。2007 年 3 月，马六甲海峡海上安全与环境保护研讨会在马来西亚举行，参加研讨会的中国代表再次表达了在充分尊重海峡沿岸国主权和管辖权的基础上积极参加多边机制所提出的海峡海上安全合作的意愿。2009 年 11 月，在国际海事组织（IMO）第 26 届大会上，中国表示致力于促进马六甲海峡和新加坡海峡海上航行安全和环境保护，中国政府将分别向马六甲海峡助航设施基金和 IMO 马六甲和新加坡海峡信托基金捐资。2009 年，中国向 IMO 马六甲和新加坡海峡信托基金捐款 10 万美元。中国积极支持马六甲海峡和新加坡海峡航行安全与环境保护合作机制，中国承担和参与了合作机制项目协调委员会下的一些项目。2006 年 9 月，在马六甲海峡和新加坡海峡安全会议上，中国表示应海峡沿岸国家要求，将承担海啸损毁助航设施汰换项目，参与海峡有毒有害物质溢漏事故预防与应对合作能力建设项目和海峡潮汐、海流与风力测量系统设立项目。2010 年，中国还向马六甲海峡助航设施基金捐款 25 万美元。中国积极参加并成为《亚洲打击海盗及武装抢劫船只的地区合作协定》（ReCAAP）的缔约国，2006 年 11 月，ReCAAP 信息共享中心在新加坡建立，中国派出专业技术人员参与收集、整理及分析有关海事安全信息工作。中国还支持和参与了东盟及东盟地区论坛等国际组织和机制为维护马六甲海峡安全所做的努力。①

---

① 王斌传：《冷战后马六甲海峡海上安全的国际介入研究》，福建师范大学博士论文，2016 年。

五、亚洲打击海盗及武装抢劫船只的地区合作协定

使用国在维持马六甲海峡安全和开放方面存在极其重要的利益，为沿海国家提供了技术上和操作上的援助。日本和韩国完全依赖沿海国家的承诺来保证东南亚海域船舶航道的安全，两国已经和沿海国家建立了双边或多边合作项目，并以联合演习、援助船舰和为提高海岸护卫机构的能力而训练人员等方式提供帮助。[①]

在整个 20 世纪 90 年代，日本试图通过向马六甲海峡沿岸国家提供急需的培训和援助来加强区域安全合作。分析印尼对待海上安全合作的态度，也许一些沿海国家所持有的"主权敏感性"是阻碍国际合作的最大障碍。海盗问题分析家和政策制定者都批评沿海国家"小心翼翼地捍卫自己对领海的主权"，他们经常被指责拒绝参与任何形式的合作，而这种合作似乎可能损害国家主权的某些方面。[②] 面对这种明显的困境，一种新的现象出现了。国家海岸警卫队机构，而不是其海军，已成为促进国际合作来对付非传统安全威胁的有吸引力的替代方案。时任日本首相小渊惠三在 1999 年东盟 10+3 首脑会议上正式提议成立打击海盗的区域海岸警卫队，它将建立在日本、韩国、中国、马来西亚、印尼和新加坡部队的多边巡逻基础上。

2001 年，日本首相小泉纯一郎提出《亚洲打击海盗及武装抢劫船只的地区合作协定》(ReCAAP) 的倡议，在范围上涵盖自愿提交的信息，并由自愿捐款提供资金。

2004 年 10 月，日本政府同联合国禁毒署合作，为亚洲区域九个国家（柬埔寨、中国、印尼、日本、马来西亚、韩国、泰国、菲律宾、越南）的执法机构主办了一次海上反毒执法讨论会，通过开展与联合国禁毒署的《国

---

① 金锡均，许丽丽：《东亚海洋安全倡议——评价与前景》，载《南洋资料译丛》，2012 年第 4 期。

② Ruijie He, "Coast guards and maritime piracy: sailing past the impediments to cooperation in Asia", *The Pacific Review*, 2009, Vol. 22, No. 5.

家主管机关实用指南》有关的培训，来推动打击海上非法毒品贩运方面的国际合作。另外，日本海上保安厅还展示了一个安全快捷的电子邮件系统。此系统可用于交流可疑船只信息，包括可疑船只的照片。日本和中国的有关部门对这一系统进行了一次相互测试，确定其效率很高，也很经济。日本海上保安厅主动提出，可向本区域其他国家的执法机构提供这一系统。①

　　由于联合国和IMO的决心和建议，马六甲海峡地区国家已经表达了它们一起与海盗作斗争的承诺并做出努力，主要有2000年3月的东京呼吁、2000年4月的模范行动计划、2000年4月的亚洲反海盗挑战和2004年6月的亚洲海洋安全倡议。最重要的地区多边安排是ReCAAP，该协定是特别为加强亚洲国家间在海上与海盗和武装抢劫者进行斗争而制定的。ReCAAP是一项广泛的倡议，涉及所有东盟国家，还包括孟加拉国、中国、印度、日本、韩国和斯里兰卡。ReCAAP最终形成于2004年11月11日，并于2006年9月4日生效。该协定确定了成员国防御和抑制海盗和武装抢劫的普遍义务，逮捕罪犯并扣押被用于实施海盗和武装抢劫行为的船舶或飞机，营救遭到海盗袭击的受害者。该协定同时成立了信息共享中心，在逮捕和引渡海盗方面进行合作，在能力建设方面进行相互法律援助和合作。ReCAAP是"亚洲第一个促进和加强打击海盗和海上武装抢劫合作的区域政府间协议"，是一个有深远影响的反海盗协定，因为它把各个成员国联合在一起采取有效的实际措施来侦察、逮捕和扣押海盗或海盗船只。ReCAAP的业务中心是信息共享中心，其由各成员国派出一位代表组成，在协调成员国就地区发生的海盗和武装抢劫事件做出反应方面起到一个中枢的作用。信息共享中心于2006年11月在新加坡成立，是ReCAAP的核心制度机构，主要就发生的事件交流信息，为操作性合作提供便利，分析海盗和武装抢劫的类型与趋势，为成员国的能力建设提供支持。②

①　2005年联合国大会第60届会议秘书长关于海洋和海洋法的报告，联合国大会文件A/60/63。

②　金锡均，许丽丽：《东亚海洋安全倡议——评价与前景》，载《南洋资料译丛》，2012年第4期。

第七章　印度尼西亚与中国海洋合作

一、两大战略的对接

在 2014 年 11 月缅甸首都内比都举办的东亚峰会上，印尼总统佐科提出了"全球海洋支点"（Global Maritime Fulcrum，GMF）构想。这一构想涉及政治、经济、外交、军事等领域，成为今后一段时期印尼建设海洋国家的政策规划。"全球海洋支点"构想是以建设海洋强国为核心目标，利用印尼的独特地缘战略地位，发展海洋经济，维护海洋安全，开展海洋外交，重塑地区海洋秩序，全面提升印尼的中等强国影响力。[①] 这一构想不仅意味着印尼的国家发展重心将由陆地逐步转向海洋，经济发展模式也开始向海洋经济转型，而且也将对东亚地区海洋战略生态的变化和大国的海权博弈产生重要影响。

"全球海洋支点"构想主要内容有五个方面：（1）树立海洋文化理念。印尼位于印度洋和太平洋的交汇处，又是一个海洋群岛国家，海洋对印尼未来的发展至关重要，或者说民族的繁荣和未来将与海洋认同和开发息息相关。（2）管理好海洋资源，发展海洋渔业，实现海洋的"粮食安全"和主权。（3）通过重点建设港口、航运和海上旅游等，大力发展印尼互联互通和海洋经济。（4）在海洋外交方面，重点加强与各国海洋安全合作，妥善处理海洋争端、打击非法捕捞和海盗。（5）加强海上防御力量，保护国家领海主权完

---

① 中国社会科学院亚太与全球战略研究院副研究员孙西辉经过不同维度比较计算，认为加拿大、意大利、印度尼西亚、墨西哥、澳大利亚、沙特阿拉伯、西班牙、韩国、哥伦比亚、巴基斯坦、土耳其、伊朗、波兰和阿尔及利亚位于中等国家中的第一梯队，因而是 14 个中等强国。参见孙西辉：《中等强国的"大国平衡外交"——以印度尼西亚的中美"平衡外交"为例》，载《印度洋经济体研究》，2019 年第 6 期。

整和海洋资源，维护区域海洋航行安全。佐科总统提出"全球海洋支点"构想，既是基于印尼国内发展进程中的结构性困境提出的新治理思路，又是对区内外大国和对东亚海权激烈博弈理性认识的产物；一方面展示了新政府长远的政治抱负和国际视野，另一方面也反映了印尼有意利用自己的海洋国家属性，把海洋和海权作为战略杠杆，以此抬升印尼国际地位的战略考虑。① 通过全球海洋支点战略，佐科进一步将印尼定位为一个印太国家。这一战略定位在其外交部部长蕾特诺 2015 年 1 月的年度新闻声明中得到了印证，她指出："印尼的外交将体现出印尼作为海洋大国的特征，并将发挥其位于印度洋和太平洋之间的战略地位优势。"②

2017 年 3 月 1 日，佐科总统发布了第 16 号总统条例《印度尼西亚海洋政策》，GMF 被定义为一个"主权、发达、强大的海洋国家，能够根据其国家利益，为地区和世界的和平与安全做出积极贡献"的愿景。作为政策指导，这一愿景在两个附录中有详细说明，包括一个长期框架和一个短期方案。GMF 被扩展为海洋和人力资源开发，海军防御、海上安全、海事安全，海洋治理制度化，海洋经济、基础设施和福利，环境保护和海洋空间管理，航海文化和海上外交等支柱。这些支柱进一步细分为 76 个项目，分布在数十个部委和机构中，负责 425 项活动，以实现 330 个目标。③

目前，中国对外贸易运输量的 90% 是通过海上运输完成的。因此，位于西太平洋地区中国大陆附近的边缘海以及与之紧密相连的海上战略通道，对中国具有特别重要的战略意义。④ 2013 年中国提出以东南亚为导向的"21世纪海上丝绸之路"倡议，2014 年印尼公布其"全球海洋支点"构想，两大战略不谋而合，有利于两国海洋经济、海洋文化等的合作与交流。印尼作为

---

① 刘雨辰：《试论印尼佐科政府的"全球海洋支点"构想》，载《世界经济与政治论坛》，2016年第 4 期。

② 包广将：《印尼的"印太转向"：认知、构想与战略逻辑》，载《南洋问题研究》，2020 年第2 期。

③ Evan Laksmana. Indonesian Sea Policy：Accelerating Jokowi's Global Maritime Fulcrum? *March* 23, 2017. https：//amti. csis. org/indonesian-sea-policy-accelerating.

④ 刘新华：《中国海洋战略的层次性探析》，载《中国软科学》，2017 年第 6 期。

"21 世纪海上丝绸之路"倡议两条主线的交汇点，是海上丝绸之路的重要战略支点，中国则是"全球海洋支点"推进的强大助手，两国政府高层一直积极寻求这两大战略的对接。① 2015 年 3 月，"全球海洋支点"作为"21 世纪海上丝绸之路"的对接战略被写入双方加强全面战略伙伴关系的声明中，同时，两国还同意携手打造"海洋发展伙伴"。2018 年 5 月 7 日，两国政府发表联合声明，双方充分肯定两国建立全面战略伙伴关系 5 年来双边关系取得的重要进展，特别是积极对接"21 世纪海上丝绸之路"倡议和"全球海洋支点"构想、深化务实合作取得的显著成效，同意在全面战略伙伴关系框架下加强双边、地区及国际层面三个支柱合作。两国签署了《中华人民共和国国家发展和改革委员会与印度尼西亚共和国海洋统筹部关于推进区域综合经济走廊建设合作的谅解备忘录》，标志着两个成长大国的发展战略正式实现对接。

通观印尼的"全球海洋支点"构想和中国"21 世纪海上丝绸之路"倡议，两者共同之处都包含海洋经济和海洋文化。佐科的海洋发展战略不仅包括海洋经济和海洋文化，还包括海洋外交和海洋军事防御，而中国的"21 世纪海上丝绸之路"倡议主要侧重于经济与人文合作。中国国务委员杨洁篪在博鳌亚洲论坛 2015 年年会演讲中特别提出："我愿在此重申，21 世纪海上丝绸之路侧重经济与人文合作，原则上不涉及争议问题。"因此，印尼的"全球海洋支点"构想与中国"21 世纪海上丝绸之路"倡议的对接重点将在海洋经济和海洋文化方面。②

在提出时间上，印尼的"全球海洋支点"构想与"21 世纪海上丝绸之路"倡议相近。不仅如此，两者还同是亚洲海洋意识日益普遍觉醒的结果，利用海洋与挖掘海洋在国家发展中的潜力成为两国的共识。在地缘上，印尼处在"21 世纪海上丝绸之路"的枢纽位置，这就决定了"全球海洋支点"作为

---

① 余珍艳：《"21 世纪海上丝绸之路"战略推进下中国—印度尼西亚海洋经济合作：机遇与挑战》，载《战略决策研究》，2017 年第 1 期。

② 林梅：《印度尼西亚佐科政府的"全球海洋支点"战略及中国与印度尼西亚合作的新契机》，载《东南亚纵横》，2015 年第 9 期。

一个国家的海洋战略与"21世纪海上丝绸之路"作为海洋区域发展战略存在着显著的战略耦合。[①]

中国选择在印尼提出"21世纪海上丝绸之路"倡议，这也是看到十几年来与周边国家关系已经显著分化。国际贸易经济学家的研究证实，与中国人均收入差不多的国家其实面临着严峻的竞争压力，从中国经济崛起中获益的主要是两端，即收入高于中国和收入显著低于中国的国家。因此，面向中低等收入国家设计新的制度，使其从中国崛起中获益，也是"一带一路"建设的应有之意。在发达国家逆全球化思潮将长期存在的情况下，"一带一路"对中国发展本身的推动力同样是重大的。由于"一带一路"倡议的推进将显著提高沿线国家收入，使沿线国家自愿增加安全投入，维护地区稳定，因此也会减轻对中国的非传统安全冲击。[②]

目前，中国与印尼在经济合作上还存在许多障碍，如2000—2006年，印尼一直是中印尼双边贸易的顺差国，顺差额从7.45亿美元增加至17亿美元。但以2007年为转折点，中国首次出现顺差2.1亿美元。2008年，中方顺差额达到28.6亿美元。据中国海关数据统计，2010年两国双边贸易总额达427.5亿美元。其中，中国对印尼出口增长49.3%，达219.7亿美元，自印尼进口增长52%，达207.8亿美元，实现小额顺差11.9亿美元，基本实现贸易平衡。根据印尼对外贸易统计局统计数据显示，2011—2018年，印

---

① 葛红亮，彭燕婷：《海洋外交视野下的中印尼海上伙伴关系》，载《东南亚南亚研究》，2017年第3期。

② "一带一路"沿线高收入国家包括：卡塔尔、新加坡、阿联酋、科威特、文莱、以色列、韩国、塞浦路斯、沙特、斯洛文尼亚、巴林、爱沙尼亚、捷克、斯洛伐克、立陶宛、阿曼、拉脱维亚、波兰、匈牙利以及克罗地亚20个国家；"一带一路"沿线中高等收入国家包括：俄罗斯、哈萨克斯坦、马来西亚、土耳其、罗马尼亚、黎巴嫩、保加利亚、黑山、土库曼斯坦、马尔代夫、阿塞拜疆、白俄罗斯、伊拉克、马尔代夫、泰国、塞尔维亚、约旦、马其顿王国、波斯尼亚和黑塞哥维那、格鲁吉亚、阿尔巴尼亚21个国家；"一带一路"沿线中低等收入国家包括：亚美尼亚、蒙古、斯里兰卡、菲律宾、印尼、埃及、乌克兰、不丹、东帝汶、乌兹别克斯坦、越南、老挝、印度、巴基斯坦、塔吉克斯坦、孟加拉国、吉尔吉斯斯坦、缅甸、柬埔寨19个国家；"一带一路"沿线低收入国家包括：尼泊尔、阿富汗2个。以上各类国家一共62个。参见钟飞腾：《"一带一路"、新型全球化与大国关系》，载《外交评论（外交学院学报）》，2017年第3期。

尼对华贸易逆差呈现逐年递增的趋势。2011 年印尼对华逆差仅为 32 亿美元，2014 年逆差额增至为 130.1 亿美元。2018 年中印尼非油气产品贸易额为 696.3 亿美元，印尼出口中国 243.9 亿美元，自中国进口 452.4 亿美元，印尼对华逆差达到 208.5 亿美元。[1] 但是，中印尼两国经济贸易各具优势，互补性强，具有较强的互利合作发展潜力。

二、印度尼西亚的支点地位

在中国的对外贸易版图中，印度洋具有突出的位置。这里既是向西亚、非洲和欧洲输出商品的主要路径，又是中国国内经济发展所需的能源、矿产的重要输入通道，沿线的印度、伊朗、沙特阿拉伯、南非等国，均已成为中国排名前 20 位的贸易伙伴。面对不断延伸的海洋利益保护需求和日趋复杂的地缘政治环境，中国亟须在印度洋建立一定数量的战略支点，为本国实施并参与更多的护航行动提供更加充分的保障。[2] 印尼在海上丝绸之路建设中具有十分重要的战略地位，其所在的印度洋水域承担着世界上 50% 的集装箱货运和 66% 的海上石油运输，马六甲海峡更是中国海上货物运输和能源运输的"咽喉要道"。从某种意义上讲，印尼是真正的"世界十字路口"，中国要建设海上丝绸之路，打通从沿海港口经南海、印度洋进而连接海湾地区、非洲和欧洲的海上互联互通体系，印尼将是最为重要的一个战略支点。[3]

目前，我国主要有 5 条重要的海上运输航线，分别为东北亚航线、太平洋北航线、太平洋南航线、澳新航线以及印度洋航线。其中，与我国国家利益关系较大的国际性海上战略通道共有 21 条：台湾海峡、朝鲜海峡、宗

---

① 吴崇伯，张媛：《"一带一路"对接"全球海洋支点"——新时代中国与印度尼西亚合作进展及前景透视》，载《厦门大学学报(哲学社会科学版)》，2019 年第 5 期。

② 许可：《构建"海上丝路"上的战略支点——兼议迪戈加西亚基地的借鉴作用》，载《亚太安全与海洋研究》，2016 年第 5 期。

③ 许培源，陈乘风：《印尼与"海上丝绸之路"建设》，载《亚太经济》，2015 年第 5 期。

谷海峡、津轻海峡、大隅海峡、宫古海峡、横当水道①、台东海峡及与西水道、巴士(巴布延、巴林塘)海峡、马六甲海峡、巴拉巴克海峡、民都洛海峡、卡里马塔海峡、望加锡海峡、巽他海峡、龙目海峡、曼德海峡、巴拿马运河、霍尔木兹海峡、白令海峡,以及好望角水道。这些海峡水道地理位置各异,对我国国家利益的影响也各不相同。根据与我国国家利益的攸关度可分为关系核心利益的战略通道、重大利益的战略通道、一般和长远利益的战略通道。关系我国核心利益的海上战略通道,主要是指对国家安全和经济发展具有直接和关键影响的战略通道。这类战略通道具备以下两个条件或至少具备其中之一:一是关乎国家安全和岛屿领土主权完整,在维护国家安全的海上局部战争中位居要冲,或者是海上机动、补给的重要生命线;二是其安全畅通影响国民经济的持续发展,在外贸和能源运输中发挥枢纽作用,对国民经济或社会生活发挥至关重要的影响。综合分析,能够发挥这两大作用的战略通道主要有台湾海峡、巴士海峡、台东海峡、宫古海峡、马六甲海峡等。关系我国重大利益的海上战略通道,是指对我国海上贸易和能源运输具有较大影响,对于维护国家安全或海洋权益具有重要意义的海上战略通道。这类战略通道应满足以下两个条件之一:一是虽然对于国家主权和领土完整不产生关键性影响,但对于维护国家海上方向安全和海上兵力的机动具有重要意义;二是和平时期是我国国际贸易运输的战略要道,其安全畅通虽不会对海上运输造成全局影响,但可能会影响某个方向的运输安全。这类海上战略通道主要有朝鲜海峡、横当水道、大隅海峡、巽他海峡、望加锡海峡、龙目海峡、民都洛海峡、巴拉巴克海峡、卡里马塔海峡以及霍尔木兹海峡等。②

---

① 日本横当岛至奄美大岛之间,是日本列岛诸海峡中少数宽度超过 24 海里的非领海海峡之一,是中国进入太平洋的重要出海口,是东南沿海各港前往北美、南美的重要航线。参见杜婕,仇昊,胡海喜:《海上通道安全:基于利益相关性的战略分析与思考》,载《南昌大学学报(人文社会科学版)》,2014 年第 3 期。

② 杜婕,仇昊,胡海喜:《海上通道安全:基于利益相关性的战略分析与思考》,载《南昌大学学报(人文社会科学版)》,2014 年第 3 期。

　　未来十年，以马六甲海峡为核心的东南亚海域仍然是与中国国家利益最密切相关的海上通道，中国对这一通道的需求更加多样化，即从过去确保海上运输线的畅通，扩展到为配合海上力量走出去而加强沿岸的后勤补给与保障能力。因此，选取通道沿岸的重要港口作为战略支点，加强投资、建设以及与所在国开展密切的合作，必须作为一项国家行为迅速实施。在东南亚地区，中国应重点加强与印尼的合作。按照战略支点国家的标准衡量，第一，印尼拥有重要的地缘战略地位，它是马六甲海峡的主要沿岸国之一，也是龙目海峡、巽他海峡和望加锡海峡的管辖国；第二，印尼是具有影响力的区域性大国，随着近年国内经济形势的好转，印尼在东盟的政治地位逐步恢复并提升，对于中国稳定与东南亚国家的关系有着重要的协调作用；第三，印尼的外交政策相对独立，在处理对美国、日本和中国的关系中，能够保持平衡，并且曾经坚持反对美国军事力量进入马六甲海峡；第四，中印尼双边关系发展迅速，并在一些地区和国际事务中形成呼应。2013年10月，习近平主席访问印尼，两国达成全面战略伙伴关系，并且，"21世纪海上丝绸之路"倡议也是习近平主席在访问印尼时提出的，这充分体现了中国对印尼的重视。2014年，印尼加入了中国发起的亚洲基础设施投资银行。①

三、印度尼西亚海洋外交

　　发展海洋外交是印尼"全球海洋支点"构想的一个主要支柱，印尼把注意力优先放在太平洋和印度洋地区，推行大国平衡战略，寻求把自身打造为连接太平洋和印度洋的关键支点。在太平洋地区，印尼除继续将发展与东盟的关系作为外交重点，并持续关注南海争端外，还比较注重开展与美国、日本以及中国等国的海洋合作。自"全球海洋支点"构想提出以来，印尼便积极寻求与美国在海洋经济领域的深入合作，而美国对发展与印尼的海洋经济合作也很感兴趣。两国自2010年建立全面伙伴关系以来，不仅签署了海事合作备忘录，还开展了多项海洋领域合作，美国拥有先进的海洋

---

　　①　张洁：《海上通道安全与中国战略支点的构建——兼谈21世纪海上丝绸之路建设的安全考量》，载《国际安全研究》，2015年第2期。

产业发展技术，印尼势必会加强与美国在港口、造船业等海洋基础设施建设领域以及海洋生物技术和旅游业的合作。日本一直比较重视发展与东南亚国家的关系，与印尼关系一直较为紧密，日本是印尼重要的投资国，印尼是日本主要的出口市场。佐科自上台以来便注重与日本开展海洋合作，与日本签署了关于海上合作以及港口等基础设施投资等协议，日本在雅加达至万隆的高铁项目败给中国后，积极寻求参与印尼的港口项目。在印度洋地区，印尼推行"向西看"战略，并利用环印度洋地区合作联盟（Indian Ocean Rim Association，IORA）这一机制平台加强与印度洋沿岸国家的关系，增加在这一区域的影响力。出于其大国平衡战略，印尼十分重视发展与印度的关系，两国在 2005 年便建立了新型战略伙伴关系，经贸关系发展密切，海上合作也不断展开。印度自 20 世纪 90 年代以来便提出"东向政策"，这一政策也一直得到了印尼的支持，在"全球海洋支点"构想下，印尼"向西看"战略将趋向于与印度的"东向政策"的对接，推动两国的海洋合作。[1]

在与域外大国的互动中，印尼倾向于将它们置于双边关系层面与经贸联系中。因此，印尼在区域秩序建构中偏好内部建构而不热衷于域外大国主导的外部建构；在跨区域及区域间合作推动的外部建构中，印尼偏好经济合作而抵制不符合"东盟规范"的域外大国主导的安全合作。在区域安全层面，印尼倡导基于区域自主与"区域抗御力"的多边安全。就域外大国而言，印尼意在借力域外大国提升印尼的区域大国地位，同时又避免域外大国通过区域安全事务介入和干预区域自主秩序。总之，印尼的区域大国实践与区域秩序建构的根本目标是服务印尼国内发展，提升印尼国际地位。当前，东盟主要依靠美国维护安全的现状以及印尼积极调解周边海洋领土争端的现实表明，区域安全能力为基础的区域自主秩序建设仍是印尼区域大国实践的重点。[2]

---

① 余珍艳：《"21 世纪海上丝绸之路"战略推进下中国—印度尼西亚海洋经济合作：机遇与挑战》，载《战略决策研究》，2017 年第 1 期。
② 李峰，郑先武：《区域大国与区域秩序建构——东南亚区域主义进程中的印尼大国角色分析》，载《当代亚太》，2015 年第 3 期。

佐科就任总统以来，为最大限度地提升在印太海域的国际地位，促进印尼实力的发展，印尼以重塑"海洋强国"为重要标签，凭借海洋优势发展多领域海洋外交。在海洋资源保护方面，佐科一上任就以打击非法捕鱼为切口，加强与美国等国的海上执法合作，全面改革印尼的渔业管理、外交和国防，不惜以"沉船"政策宣扬其海洋强国外交的雄心。在海上基础设施建设方面，印尼善于利用区域资源实现海上互联，发展同周边国家的基础设施合作。2015 年 11 月，印尼启动"海上高速公路"，项目涉及 24 个海港、1481 个非商业港口、12 个船坞和造船厂以及 83 个中型商业港口。佐科还利用"东盟互联互通总体规划"中与"海上高速公路"重合的 14 个港口改造项目，完善国内的港口建设；另一方面又强调同中国"一带一路"倡议的战略对接，利用亚洲基础设施投资银行的资金支持海上项目建设。在 2017 年 5 月北京"'一带一路'国际合作高峰论坛"之后，中国与印尼加快了"21 世纪海上丝绸之路"与"全球海洋支点"的战略对接。此外，印尼还与澳大利亚、菲律宾和马来西亚等周边国家，以及与太平洋岛国论坛、环印度洋联盟等区域组织加强海上合作，发展海洋经济，共谋海上安全。在海洋安全建设方面，佐科政府加强印尼军队现代化的"最低限度必备力量"，与国际社会一道努力解决海盗、海上绑架等安全问题。如 2016 年重新启动的印尼-欧盟国会议员友好小组，旨在推动解决印尼、马来西亚和菲律宾之间海上边界附近频繁发生的绑架事件。2017 年 4 月，菲律宾与印尼达成海上安全合作协议，以期遏制在菲律宾和印尼交界海域的极端分子的海盗行为，并就打击贩毒、加强海上贸易等问题展开交流。2017 年 10 月，新加坡和印尼达成跨国安全协议，同意深化两国在打击恐怖主义、海上安全等领域的国防合作。通过上述一系列海洋外交的实践表明，佐科治下的印尼在印太海域扮演着"负责可靠的角色"。[①]

对于中国和美国，印尼的非南海岛礁主权声索国地位，使得印尼在促

<hr/>

　　① 宋秀琚，王鹏程：《"中等强国"务实外交：佐科对印尼"全方位外交"的新发展》，载《南洋问题研究》，2018 年第 3 期。

进与中国和美国更密切的合作时能够避免领土争端的政治包袱。一方面，尽管印尼一再对南海问题保留看法，但印尼欢迎与中国加强经济和安全合作。截至 2015 年 9 月，中国是印尼最大的贸易伙伴，总价值约 272 亿美元。① 雅加达对北京的投资承诺很感兴趣②，特别是通过亚洲基础设施投资银行，为大型基础设施项目（如海港）提供资金，这些项目可以帮助实现佐科总统的海上议程。③ 围绕中印尼海上合作大张旗鼓的宣传，有时给人一种

---

① 中国经济网雅加达 2015 年 1 月 30 日讯，印尼投资统筹机构投资监控事务助理鲁比斯日前宣称，印尼 2014 年获得的外国投资高达 307 万亿印尼盾（约 256 亿美元），同比增长 13.5%。其中，从未进入过前列的中国，在 2014 年第四季度以 5 亿美元名列第四大投资国。中国投资主要是多项重大基础设施项目，如南加里曼丹的水泥厂和苏南省的发电厂等。http：//news. 163. com/15/0130/13/AH79RAO000014JB5. html。访问日期：2015 年 2 月 2 日。

② 人民网 2016 年 3 月 25 日报道，3 月 24 日上午 9 点，由中印尼企业联合体承建的印尼雅加达至万隆高铁项目 5 千米先导段实现全面开工。雅万高铁一期工程全长 142 千米，连接印尼首都雅加达和第四大城市万隆，最高设计时速 350 千米，计划 3 年建成通车。届时，雅加达至万隆的车程将由现在的 3 个多小时缩短至 40 分钟。中印尼全面合作的印尼雅加达至万隆高铁作为印尼和东南亚地区的首条高铁，是中国高速铁路从技术标准、勘察设计、工程施工、装备制造、物资供应，到运营管理、人才培训、沿线综合开发等全方位整体走出去的第一单，是国际上首个由政府搭台，两国企业对企业进行合作建设、管理、运营的高铁项目，是对接中国提出的建设"21 世纪海上丝绸之路"倡议和印尼"全球海洋支点"构想的重大成果，创造了中印尼务实合作的新纪录，树立了两国基础设施和产能领域合作的新标杆。https：//www. fmprc. gov. cn/ce/ceindo/chn/yncz/t1351158. htm，访问日期：2016 年 3 月 30 日。

③ 经济日报 2018 年 2 月 11 日报道，近年来，中国与印尼经贸关系加速推进，中国始终保持着印尼最大贸易伙伴国地位。据印尼中央统计局最新数据，2017 年中国在印尼出口和进口规模中分别占 13.94% 和 26.79%。2017 年前三季度，中国进口咖啡总值超 5.7 亿美元，其中印尼占 6%，位于越南之后名列第二。除了咖啡，印尼也在努力寻找其他途径满足中国消费者对特色产品日益增长的需求。据印尼国家通讯社安塔拉消息，目前在年消费量 800 吨燕窝的中国市场上，八成原料来自印尼。印尼统计部门数据显示，2017 年前 10 个月，中国赴雅加达游客数量位居各国之首，仅 2017 年 10 月份一个月就达 28.416 千人次。印尼中央统计局雅加达分局负责人戴薇表示，受中国国庆长假影响，当月中国游客较日本、新加坡和韩国分别多出 50.3%、65.3% 和 158.5%。"这表明中国游客在促进印尼旅游业发展过程中具有举足轻重的作用。"为此，印尼总统佐科特别指示，一方面，要加大机场、酒店、道路等旅游基础设施建设力度，要增加直航、语言等特色服务，以更好地服务包括中国游客在内的全球游客；另一方面，要积极对接"一带一路"建设，鼓励中资投资印尼旅游产业，帮助印尼打造"十个新巴厘岛"国家级旅游目的地。印尼旅游部长阿里夫表示，2017 年印尼接待中国游客有望超过 200 万人，较上年增长 45%，"印尼衷心希望继续加强与中国的旅游合作，我们正通过增加中文导游数量、增加直航线路等，以吸引中国游客来印尼过春节，力争实现 2019 年中国游客数达到 500 万的目标"。https：//www. fmprc. gov. cn/ce/ceindo/chn/yncz/t1534017. htm，访问日期：2018 年 2 月 20 日。

印尼正在向中国战略倾斜的印象。然而，这些与中国更密切的经济联系只是印尼为资金紧张的基础设施发展融资的务实政策的又一体现。尽管两国都宣布了联合军事活动和项目，包括特种部队和海军演习、导弹研制和监视系统，但这些活动仅是象征性的。① 另一方面，印尼仍然对与美国和其他西方国家更紧密的联盟保持警惕，以免被指控违反其独立和积极的外交政策。② 美国仍然是印尼最大的贸易和投资伙伴之一，印尼还试图深化与美国及其盟国的军事伙伴关系，包括在海洋领域。对中国在南海的主张日益关注，导致雅加达和华盛顿在纳土纳群岛及其周边水域进行军事监视飞行，并计划定期进行潜艇"交战和作战"。

此外，印尼是美国资助的东南亚海事安全倡议的目标接受国，该倡议于 2015 年宣布。美国的这种援助可以帮助印尼发展其新生的海岸警卫机构，以更好地巡逻印尼广阔的海域，包括纳土纳群岛周围的水域。然而，这种发展不应该被解释为印尼与美国结盟的标志。如果一切保持不变，印尼仍然希望看到所有大国，特别是美国和中国相互制约。因此，它的利益仍然

---

① 2015 年 3 月 26 日《中华人民共和国和印度尼西亚共和国关于加强两国全面战略伙伴关系的联合声明》宣称，双方积极评价两国防务合作成果，承诺将进一步加强军事高层交往，用好防务安全磋商、国防科技工业合作联委会、海军对话等机制，提升联演联训、军工军贸、军舰互访、人员培训、多边安全等领域合作水平。双方一致鼓励建立两国其他军种间的对话平台。http://www.gov.cn/xinwen/2015-03/27/content_2838995.htm，访问日期：2015 年 3 月 30 日。

② 2016 年 5 月 17 日参考消息网报道：日媒称，印尼正计划在南海南端归其管辖的纳土纳群岛建设潜艇基地。受中国加强海洋活动的影响，印尼似乎有意强化自身的防卫体制。针对南海主权问题，印尼在东盟内部保持"中立"，一直以来充当协调者角色的印尼开始增强军备，或将给该地区安全带来影响。据日本《读卖新闻》5 月 16 日报道，多名印尼军方人士证实，军队已经制定完成总额为533 万亿印尼盾(约合 2665 亿人民币)的纳土纳群岛防卫强化政策，负责国防政策的国会第一委员会于今年 2 月进行了简要说明，其中就包含潜艇基地建设计划。如果顺利，印尼军方计划在今年的补充预算中就列入一部分费用，以期尽快开工建设。该委员会负责人在接受日本《读卖新闻》采访时表示，纳土纳防卫对于印尼西部的警备不可或缺。目前印尼一共拥有两艘潜艇，两处潜艇基地。包括军方计划从韩国引进的 3 艘潜艇在内，计划在"2024 年以前达到 12 艘以上"的规模，建造新的潜艇基地也是实现这一计划的步骤之一。一旦付诸实施，印尼对从南海到马六甲海峡的海上交通线的警备能力将得到强化。

在于维护东盟的统一和中心地位，反对单一大国的统治。①

印尼学者认为，中等强国的国家定位，使得印尼在对华策略上可以采用很多外部的战略举措，其中包括推行的动态平衡战略，以及在地区推行多边主义理念。由单一大国掌控的区域，会衍生霸权，因为该地区的国际政治秩序由该大国掌控。所以，印尼需要在亚太地区大国竞赛中进行外交斡旋，以防单一大国控制下的霸权。美国、中国、日本和俄罗斯等大国竞相增强本国的影响，但目前在亚太地区影响力的竞争主要还是在美国和中国之间。作为中等强国的印尼，在开展多边外交方面具有战略性作用，可以防止中美两大国在亚太地区出现霸权力量。②

中国学者认为，哈比比时期，印尼主要通过"接触"和"对冲"手段分别对中国和美国实行"平衡外交"；瓦希德时期，印尼主要通过"追随"和"对

①　2017 年 10 月 18 日，美国国务卿蒂勒森在美国战略与国际研究中心发表的演讲中首次提出特朗普政府版的"印太"概念，指出"印太——包括整个印度洋、西太平洋以及周边国家——将是 21 世纪全球最重要的部分"。12 月 18 日，特朗普政府首份《国家安全战略》报告再次确认了"一个自由开放的印太地区"的用语。进入 2018 年后，特朗普政府明确提出了"印太战略"(Indo—Pacific Strategy)的概念。2018 年 6 月 2 日，美国国防部部长马蒂斯在香格里拉安全会议上进一步说明了美国印太战略关注的四个重大问题：(1)海洋公域的安全与自由，美国将支持伙伴加强海军与执法能力建设，提升他们管控与保护海上边界与利益的能力；(2)加强安全合作，提升与盟友和伙伴在装备与平台方面的互用性水平；(3)增进法治与透明治理；(4)支持私营部门主导的发展模式。这是美国政府内阁级官员首次在国际场合使用"印太战略"一词，具有明显的政策宣示意义。8 月 4 日，美国国务院发表的"美国在印太区域的安全合作"情况说明书中详细列出了五大目标，即确保海上与空中自由、推进市场经济、支持良政与自由、保障主权国家免受外部威胁以及促进伙伴维护和推进基于规则的秩序。可见，特朗普政府印太战略的核心内容涵盖安全、政治、经贸、投资以及民主等议题，但归根结底还是秩序问题，即通过美国与盟友、伙伴在安全、政治、经贸、投资、价值观等领域的合作，共同维护一个有利于美国及其盟友、符合美国意志与利益的所谓的"自由""开放""包容""法治"的印太秩序。特朗普政府不仅明确了印太战略的提法与意涵，在政策层面也有推进，军事介入主要有以下显著表现：(1)重新整合与规划印太地区军事力量，将美国太平洋司令部更名为印度—太平洋司令部(简称"印太司令部")，进一步明确美军的战略任务。(2)加强与区域内国家安全合作的力度与层级，尤其重视加快推进美日印澳四国安全合作以及促进美印安全合作机制化。(3)建立约 3 亿美元新基金，以加强区域内国家的安全能力。该安全援助基金将涵盖孟加拉国、印尼、蒙古、尼泊尔、太平洋岛国、菲律宾、斯里兰卡、越南以及其他地区。此外，特朗普政府将海事安全倡议的授权延长 5 年，并把"东南亚海事安全倡议"重新定义为"印度洋—太平洋海事安全倡议"，旨在增加南海和印度洋的海上安全和海域警觉性。参见陈积敏：《美国印太战略及其对中国的挑战》，http://www.sohu.com/a/270684332_618422，访问日期：2018 年 8 月 30 日。

②　西斯万托：《印尼对华外交政策评析——不对等关系下如何争取国家利益》，载《南洋资料译丛》，2019 年第 4 期。

冲"手段对中美实行"平衡外交";梅加瓦蒂时期,印尼主要通过"有限追随"和"对冲"手段对美国实施"大国平衡外交",主要通过"接触"和"对冲"手段对中国实施"大国平衡外交";苏西洛时期,印尼主要通过"有限追随"和"对冲"手段分别对中国和美国实行"平衡外交";佐科时期,印尼主要通过"有限追随"和"对冲"手段分别对中国和美国实行"平衡外交"。中等强国作为一支独特的力量,在地区事务中正发挥日益重要的作用,这需要中国重视对中等强国尤其是周边中等强国的外交。印尼是中国周边的中等强国之一,其对中美的"平衡外交"实践具有一定的代表性和研究借鉴意义。总之,中国可以通过加大经济合作与人文交流的方式提升政治与安全互信程度,确保与周边中等强国的关系稳定发展。[①]

四、印度尼西亚与中国海洋合作

印尼是中国的海上邻国,发展与印尼的关系属于中国周边战略。就周边战略而言,在短期内很难使周边国家高度认同中国的价值观以及信服中国和平崛起,并与中国发展高度密切友好关系。在这种背景下,中国的周边战略构建短期内的最低目标是要努力从周边战略环境的压力中"突围",降低包括美国在内的周边国家对中国的战略压力,也就是美国与中国周边国家发展关系不要针对中国;短期内的最高目标则是在"突围"战略压力的基础上,一旦中美发生争执,周边国家保持中立。中长期目标也就是中国的总体目标,即实现中华民族的伟大复兴,中国的和平崛起。[②]

2013 年 10 月 2 日,习近平主席在雅加达同印尼总统苏西洛举行会谈,双方共同决定把中印尼关系提升为全面战略伙伴关系。习近平表示,中国和印尼都是本地区和世界上有影响的发展中大国和重要新兴市场国家。两

---

① 孙西辉:《中等强国的"大国平衡外交"——以印度尼西亚的中美"平衡外交"为例》,载《印度洋经济体研究》,2019 年第 6 期。

② 王俊生:《中国周边战略建构:环境·目标·手段·能力》,载《太平洋学报》,2012 年第 4 期。

国在国家发展进程中有相似目标，在维护本地区繁荣稳定方面有广泛共同利益，在国际事务中有许多共同语言。中印尼关系不仅体现在双边层面，也体现在地区和国际层面。两国互利合作成果丰硕，前景广阔。当前，国际地区形势深刻复杂变化，加强战略合作是两国着眼长远的必然选择。中国把印尼作为中国周边外交优先方向，愿同印尼全面深化合作，实现共同发展，造福两国人民，维护亚洲长期繁荣稳定，推动发展中国家团结合作，促进世界和平与发展。两国元首同意，全方位推进各领域合作，在更高水平、更宽领域、更大舞台上开展交流合作。第一，始终把握两国关系发展大方向，在对方重大关切问题上相互支持，加强战略互信，为两国关系长期稳定发展奠定坚实基础。第二，加强基础设施建设、制造业、农业、投融资等领域合作，创造新增长点，实现 2015 年两国贸易额达到 800 亿美元的目标。支持中国企业积极参与印尼"六大经济走廊"和互联互通建设，支持在印尼建设两国综合产业园区。加强油气、新能源等领域合作，建立长期可靠的能源合作伙伴关系。深化财政金融合作，续签总额 1000 亿元人民币的双边本币互换协议并积极考虑扩大规模。第三，加强海上合作，建立政府间渔业合作机制、启动渔业捕捞安排谈判。建立航天合作机制，在航天测控、卫星发射和应用等方面开展合作。第四，通过防务安全磋商和海军对话等机制加强沟通和协调，深化双边及中国—东盟安全合作。加强打击跨国犯罪和恐怖主义、防灾救灾等领域交流合作。[①]

　　2007 年 11 月 10 日，中国与印尼签署《中华人民共和国国家海洋局和印度尼西亚共和国海洋事务与渔业部关于海洋领域合作谅解备忘录》；2012 年 3 月，两国政府签署《中华人民共和国政府和印度尼西亚共和国政府海上合作谅解备忘录》（以下简称《中印尼海上合作谅解备忘录》）；2012 年 3 月 23 日，国家海洋局和印尼海洋与渔业部共同签署了《中华人民共和国国家海洋局和印度尼西亚共和国海洋与渔业部关于发展中国—印尼海洋和气候中心的安排》（以下简称《安排》）。通过签署《安排》，将中国—印尼海洋和气候

---

① 杜尚泽，刘慧：《中国印尼关系提升为全面战略伙伴关系》，载《人民日报》，2013 年 10 月 3 日。

中心(以下简称"中印尼中心")提升为国家级中心,标志着中印尼海洋合作迈上了新台阶。中印尼中心是经中国国家海洋局和印尼海洋与渔业部批准,由中国国家海洋局第一海洋研究所(现为自然资源部海洋第一研究所)和印尼海洋与渔业部下属的海洋与渔业研究局联合成立的。该中心于 2010 年 5 月 14 日在印尼首都雅加达正式揭牌,以促进海洋科学技术发展与合作、提高海洋科技水平、保护海洋环境和海洋资源的可持续利用为宗旨,致力于印度洋及周边海域的海洋科学研究,其主要职责是:作为中国和印尼海洋与气候变化领域的合作平台,通过建立联合观测站、开展联合调查和进行联合研究等形式协调双方的合作,建立并业务化运行海洋联合观测系统,发展印度洋及周边海域海洋和气候的数据库和信息中心,通过联合召开研讨会、培训等活动促进双方在相关领域的人员交流和能力建设。[①]

2012 年 12 月 6 日,中国—印尼海上合作委员会首次会议在北京举行,这是落实 2012 年 3 月两国外长签署的《中印尼海上合作谅解备忘录》的具体行动。中国外交部、国防部外事办公室、公安部、财政部、交通运输部、农业部、国家海洋局、国防科工局、中国空间技术研究院,以及印尼外交部、海洋事务与渔业部、海上安全协调机构、海军总部、警察总部等单位代表出席会议。双方一致认为,海上合作是中印尼战略伙伴关系的重点领域。中印尼海上合作委员会和中印尼海上合作基金的建立,是两国深化海洋领域合作的有力举措。双方将密切合作,落实好两国领导人的共识,推动中印尼海上合作取得新进展。会议赞赏两国海上合作迄今取得的积极成果,讨论了两国海上合作未来发展方向和重点领域,强调了中印尼海上合作委员会和中印尼海上合作基金对加强中印尼海上合作的重要作用,审议通过了中印尼海上合作委员会框架下的合作项目。

2014 年 5 月 12 日,中国—印尼海上合作委员会第二次会议在印尼雅加达召开,两国外交、交通、海洋、渔业、海军、财政等部门代表出席会议。

---

① 王安涛:《中印尼海洋领域合作文件正式签署》,载《中国海洋报》,2012 年 3 月 26 日。

双方一致认为，两国加强海上务实合作具有重要意义，同意进一步加强对话与沟通，密切协作，积极落实首批合作项目，推动两国海上务实合作实现更大发展。会议深入讨论了 2013 年 12 月 10 日在印尼万隆举行的中国—印尼海上合作技术委员会第八次会议期间提交的项目建议，并审议通过了第二批合作项目。2015 年 1 月 15—16 日，中国—印尼海上合作技术委员会第九次会议在北京召开。会议强调中印尼海上合作重要性，将加紧落实中国国家主席习近平和印尼总统佐科在亚太经合组织第二十二次领导人非正式会议期间达成的关于对接中印尼海洋发展战略的共识。会议对"龙目和巽他海峡船舶交通服务操作员能力建设"项目顺利实施表示欢迎，积极评价"中印尼海上搜救联合沙盘推演"项目准备工作。双方成员单位就继续推进立项项目进行了建设性磋商，同意就其他潜在项目保持密切沟通。会议同意继续加强两国在海上安全、航行安全、海洋科研与环保及渔业等领域对话与合作，极大丰富中印尼全面战略伙伴关系内涵。

2015 年 11 月 25—27 日，第三届"南海深部计划"国际研讨会在印尼日惹市成功举办。来自中国、印尼、德国、英国、澳大利亚、越南等国的 22 位专家参加了会议。本次研讨会的主要目的是进一步探讨在巽他陆架进行"综合大洋钻探计划"（IODP）钻探的科学目标、意义、实施方案和可行性、前期准备和分工协作等事项。与会的各方科学家就各自领域进行了学术报告，并进行了积极交流，在 2003 年提交的 IODP（676 号）申请书的基础上，进一步凝练和明确了科学目标，优化了钻探井位的设计，讨论了 IODP 的新评审规则，并对前期准备工作进行了组织和合作分工。

中国与印尼 1950 年建交，1967 年冻结外交关系，1990 年关系正常化，2005 年成为战略伙伴，并在 2013 年升级为全面战略伙伴。现在，印尼是中国"一带一路"倡议的伙伴国和亚洲基础设施投资银行的创始国之一，但同时在南海、经贸、宗教等方面又与中国存在着分歧或矛盾。① 综观全球各区

---

① 薛松：《中国与印度尼西亚关系 70 年：互动与变迁》，载《南洋问题研究》，2020 年第 1 期。

域与全球化经济发展的新热点，印尼仍是对中国利益十分关键的支轴国家
之一。① 印尼处于亚太地区的轴心十字地带与战略交通要冲，同时是东盟最
大的国家，其所具有的战略价值是中国要竭力争取的；再者，印尼的重要
性还表现在它是美国"亚太再平衡"的关节点和中美较劲的关键点。① 对于美
国的"亚太再平衡"战略，印尼在中美之间保持谨慎的态度，采取了平衡的
策略，并未与菲律宾、越南等国一样积极跟进。印尼将自己视为在地区
和世界上具有重要作用的角色，并根据自己的兴趣，为本国利益寻求与美
国和中国合作，而不是以任何形式依赖一方去对付另一方。对于日本拉拢
印尼对付中国之意，印尼表示无意卷入中日争端，不愿在中日之间公开
"选边"站队，希望保持中立和平衡，并呼吁两国和平解决争端，避免"殃及
池鱼"。①

　　"中国威胁论"一直是印尼精英阶层 20 世纪 60 年代到 90 年代对中国
的看法，1997 年东南亚金融危机爆发，中国宣布人民币不贬值，使得许
多印尼精英阶层开始改变对中国的看法。② 据印尼中央统计局 2018 年 1 月
发布的贸易统计报告显示，2017 年全年印尼对中国非油气产品出口
213.22 亿美元，与 2016 年同比增长 41.03%，占印尼非油气产品出口总
额的 13.94%，中国为印尼第一大出口国。印尼自中国非油气产品进口
355.18 亿美元，同比增长 15.73%，占印尼非油气产品进口总额的
26.79%，中国位居其第一大进口国。在 2017 年北京"'一带一路'国际合
作高峰论坛"期间，印尼与中国达成了《2017 年至 2021 年印尼—中国综合
策略伙伴协议》《印尼—中国经济技术合作协议》和《快速铁路建设工程
融资协议》等多项协定，印尼与中国的经贸合作前景广阔。③ 但是各种

　　① 戴维来：《中等强国崛起与国际关系的新变局》，北京：中央编译出版社，2017 年。
　　② 余珍艳：《"21 世纪海上丝绸之路"战略推进下中国—印度尼西亚海洋经济合作：机遇与挑战》，载《战略决策研究》，2017 年第 1 期。
　　③ 宋秀琚，王鹏程：《"中等强国"务实外交：佐科对印尼"全方位外交"的新发展》，载《南洋问题研究》，2018 年第 3 期。

民意调查的结果显示，印尼的中国观在一段时间内呈现不稳定状态。① 印尼学者认为，中国政府的"丝绸之路经济带和 21 世纪海上丝绸之路"这样一个合作框架和机制，是针对美国的"亚太再平衡"战略。② 从印尼的角度来看，"中国威胁论"在其国内依然有一定的市场，而且对于中国的"21 世纪海上丝绸之路"倡议，印尼国内也存在不同的声音，担心两国战略的对接会使印尼处于不利的境地。这些潜在因素，再加上印尼的大国平衡战略，势必会在一定程度上对两国海洋战略对接形成阻力，进而影响海洋经济的深入合作。③ 有中国学者指出，印尼未积极推进海上丝绸之路倡议的一个原因，在于该国不愿因这一倡议损害与东盟、日本以及美国的关系。④

　　虽然经济外交有利于进一步扩大印尼与中国的双边贸易投资和经济合

---

　　① 许利平：《当代印度尼西亚的中国观演变》，载《南洋问题研究》，2013 年第 2 期。中国与印尼的合作项目很多，但是合作的成果未能转化为民众切实收益的现实，也没能成为改善民众认知的推动力。据官方统计，2016 年中国对印尼直接投资量达 14.6 亿美元，在东南亚十国中仅次于新加坡。但是印尼批评人士却指责佐科政府严重依赖中国的资本和企业。尤索夫伊萨东南亚研究院在 2017 年 5 月进行的一项调查显示，大约只有 27.7% 的印尼受访民众认为印尼会从与中国的密切关系中受益。大约一半的受访者希望限制中国劳动力的移民，26.6% 的受访者认为中国公民根本不应该被允许在印尼工作，大约 25% 的受访者希望全面禁止中国投资，54% 的受访者认为投资应该受到限制。参见卫季：《政策偏好与效益反馈——新时期中国印尼战略对接中的问题探析》，载《江南社会学院学报》，2020 年第 2 期。

　　② 安琪尔·达玛延蒂：《东盟—中国海洋合作：维护海洋安全和地区稳定》，载《中国周边外交学刊》，2016 年第 1 期。

　　③ 余珍艳：《"21 世纪海上丝绸之路"战略推进下中国—印度尼西亚海洋经济合作：机遇与挑战》，载《战略决策研究》，2017 年第 1 期。

　　④ 徐晏卓，薛力：《第五届亚洲研究论坛"'一带一路'与亚洲共赢"会议综述》，载《东南亚研究》，2015 年第 6 期。新加坡学者提出了基于经济发展需求、国内政治和地缘政治同盟的三因素分析框架，以此考察东盟十国对"21 世纪海上丝绸之路"（MSR）倡议的响应。根据各国对 MSR 的态度，将东盟十国分为三组：第一组包括泰国、老挝和柬埔寨，积极支持 MSR，并担心中国对其关注不够，没有机会参与 MSR。第二组包括印尼、马来西亚、新加坡和文莱，总体上支持 MSR，同时存在如下疑虑：一是担心在经济上对中国过度依赖；二是担心 MSR 背后存在政治意图，威胁国家安全利益；三是 MSR 具体合作机制不明确，担心无法获得预期的经济利益。第三组包括越南、菲律宾和缅甸，对 MSR 持谨慎态度，短期内难以开展合作。参见张群：《"中国—东盟关系与海上丝绸之路建设"国际研讨会综述》，载《中国周边外交学刊》，2016 年第 1 期。

作，但这并不是双边关系的全部，不确定性仍然存在。中国2013年4月发表《中国武装力量的多样化运用》白皮书提出，加强应急救援、海上护航、撤离海外公民等海外行动能力建设，为维护国家海外利益提供可靠的安全保障。因而有学者提出，海上丝绸之路沿岸国家存在共同利益，我军在维护国家利益的同时，应当注重加强与海上丝绸之路沿线东道国军队和第三国军队之间就打击海盗、国际人道主义救援以及军事演习展开合作。① 长远看，海上安全合作是十分必要的，特别是把韩国、印尼、澳大利亚等周边的中等强国放在突出位置和优先方向。② 它既是中国海军展示形象、扩大影响的重要舞台，也是海军扩大话语权、参与海上国际规则制定的重要途径。在这方面，中国应加强提供海上公共产品的能力，积极维护世界海洋的公共性与开放性，打击和抑制海盗，维持良好的国际海洋秩序。③ 但就与印尼海上安全合作而言，却并非易事。在南海问题上，自争端升级以来，印尼外交部一直保持低调而非复杂化，并推进声索国之间对话，这与印尼军方完全不同。2014年4月，印尼武装部队司令穆尔多科上将在《华尔街日报》撰文称将在南海问题上采取鹰派立场，佐科对此未予以置评。至于在南海问题上的建设性作用，印尼外交部长蕾特诺表示，印尼将继续敦促中国与东盟主权声索国之间尽早就《南海行为准则》达成一致。④ 一方面，印尼试图维护东盟团结，站在东盟立场用共同的声音与中国对话；另一方面，印尼希望中国与东盟签订《南海行为准则》，在南海问题上制约海上实力迅速增长的中国。此外，印尼军方在南海问题上对中国存有相当疑虑，同时印尼通过多双边防务对外交往建立起广泛的军事合作关系，以应对中美竞争对地区安全可能造成的影响。⑤

---

① 宋云霞，李承奕，王铁钢：《海上丝绸之路安全保障法律问题研究》，载《中国海商法研究》，2015年第2期。

② 戴维来：《中国建设海洋强国面临的挑战与方略》，载《理论视野》，2015年第3期。

③ 周云亨，余家豪：《海上能源通道安全与中国海权发展》，载《太平洋学报》，2014年第3期。

④ 于志强：《佐科治下印度尼西亚的外交政策：回归务实和民族主义》，载《东南亚纵横》，2015年第7期。

⑤ 杨柳青，杜军：《中印尼深化海洋合作的SWOT分析》，载《当代经济》，2018年第1期。

　　中国为了国家安全和国防事业而进行的军队现代化建设以及不断增长的国防开支，印尼对此也十分敏感。① 2016 年《印尼国防白皮书》明确表示："影响地区安全与稳定的是中国的经济和军事政策、美国在该地区的战略政策以及南海争端。"佐科政府强调加强外岛防御，其中包括强化维护纳土纳群岛的防御力量，给中印尼海上安全合作带来潜在负面效应。佐科上台以后，在纳土纳群岛大力修筑军港及部署更多先进战机与军舰，进行本国历史上最大规模的海空军事演习，扩大在该区域的军事存在。特别是佐科总统对中国南海"九段线"的合法性表示异议，影响两国关系发展。② 应该讲，中国在南海问题上战略对手和战术对手的对立较为突出，直接的战略援手并不明显。但中国在南海并非尽是对手，也有一些潜在的战略援手。如果战略运用得当，完全可以把一些弱性战略对手和潜在的战略对手转化为现实的战略援手。印尼与中国南海的南部相接，并且曾长期主办"南海潜在冲突研讨会"，是中国南海问题直接相关国。中国应加强与印尼在中国南海问题上的沟通与协调，发挥其居间润滑作用，争取将两国间陆上合作勘探开发石油的项目向海上延伸，实现双方共同开发海洋油气资源，为共同开发南海资源探索新路。③ 中国要争取东盟非南海主权声索国在具体的争议中保持中立并在南海局势的管控和稳定方面发挥积极作用，避免南海问题东盟化。同时，中国要坚决抵制域外国家对涉及中国的领土和领海主权争议的干预，防止问题国际化和复杂化。④ 仅就南海"九段线"而言，由于《联合国海洋法公约》的局限性，通过法律途径予以解决，实际上不符合中国的国家利益。因此，通过政治途径更加适合解决包括"九段线"在内的南海争端。⑤

　　① 安琪尔·达玛延蒂：《东盟—中国海洋合作：维护海洋安全和地区稳定》，载《中国周边外交学刊》，2016 年第 1 期。

　　② 韦红，高笑天：《佐科政府防务政策调整及其对中印尼防务合作的影响》，载《世界经济与政治论坛》，2020 年第 3 期。

　　③ 李庆功，周忠菲，苏浩，等：《中国南海安全的战略思考》，载《科学决策》，2014 年第 11 期。

　　④ 李晨阳，杨祥章：《论 21 世纪以来中国与周边发展中国家的合作》，载《国际展望》，2017 年第 2 期。

　　⑤ 张磊：《对南海九段线争议解决途径的再思考——兼论〈联合国海洋法公约〉的局限性》，载《太平洋学报》，2013 年第 12 期。

在中国不断崛起的背景下，印尼深切希望加强与中国的经济关系，以促进自身经济的发展，但是印尼对中国的不信任感和威胁认知短期内很难消除，印尼的对华对冲战略也会继续存在。对冲意指为了避免风险和争取最大化的利益，采取"两面下注"的策略，寻求多样化的选择。[1] 对冲战略在本质上是一种平衡战略，在对外政策中寻求多样化的选择。面对中国崛起以及美国亚太再平衡战略塑造的亚太地区体系，印尼以维护国家利益为目的，基于自身在亚太地区的实力地位和对亚太地区大国的身份认知，采取灵活的外交政策，综合运用多种战略手段在亚太国家之间寻求平衡。[2] 例如，有中国学者分析认为，印尼与澳大利亚战略合作关系在未来仍有可能进一步发展[3]，这是两国地缘战略考量和中美战略竞争地区格局双重作用的结果。从地缘战略的角度来看，印尼是澳大利亚最重要的邻国，同时也是澳大利亚潜在的敌人和盟友。对印尼而言，群岛国家独特的地理特性决定了它对领土主权、海洋资源安全和国际规则保持特别关切，并因此确定了印尼在南海争端中的重要利益，发掘出未来同澳大利亚战略合作的方向和

---

① 实现中国文明的再一次转型，要制定与之相适应的中国海洋外交战略。由于我国缺乏系统的海洋大战略和海洋大外交，加上陆权思想严重，致使我国在海洋权益获取和维护方面失去了某些战略良机，而这又进一步加剧了我国目前的海洋困境。参见袁南生：《关于中国文明转型的战略思考》，载《外交评论（外交学院学报）》，2016年第2期。从2009年起，中国开始塑造新的海洋权益意识，并赋予海洋安全一种新的战略高度，增强了海洋强国和维权意识。积极进取、奋发有为为理念进一步成为中国的大战略，积极维护南海主权权益的战略决心也得以强化。实际上在中国南海战略思维转变中，中国的战略目标并没有根本性变化，即均是维护中国国家利益，维护地区和平与稳定的大局，但更为凸显了战略手段和策略的转变，从先前消极搁置转为中国积极主动作为，在处理与周边国家主权争端的战略选择时也更为主动积极。自2009年起，周边国家和域外大国在南海的主动攻势，成为中国南海战略思维调整的外部环境，从而导致了中国先前的战略共识或单边默契战略的破裂，致使南海地区危机升级，凸显南海单边默契的负面战略效应。危机局面的凸显，是一种外在因素和导火索，而不是成为中国南海战略思维转变的原因，尽管这体现了被动变化的一面。我们基于外部的观察，认为中国领导集体在对于周边主权领土争端的本质看法以及战略手段选择上有较大的变化，从而及时调整之前的单边默契战略。参见尹继武：《中国南海安全战略思维：内涵、演变与建构》，载《国际安全研究》，2017年第4期。

② 吕军：《印度尼西亚对华对冲战略分析》，载《江南社会学院学报》，2018年第2期。

③ 印尼长期接受着澳大利亚给予的经济援助，而澳大利亚利用其经济上的脆弱性，强势介入东帝汶问题，遭到印尼政府的强烈不满。此后，东帝汶独立问题在印尼国内产生了很大躁动，引发了一系列的军事冲突，并引发了国内宗教激进主义分子的反西方和反澳情绪，进而导致近年来澳大利亚国内屡屡受到恐怖袭击。参见朱陆民，于会美：《澳大利亚与印度尼西亚不对称安全关系中的"敏感性"和"脆弱性"》，载《洛阳师范学院学报》，2020年第7期。

机会。从中美战略竞争的影响来看，对印尼而言，中美在南海的博弈削弱了东盟的地区调解和制衡作用。在本身实力不足以支撑"独立积极"外交政策且不愿同其他国家公开结盟的情况下，印尼试图在中美之间实现双向对冲。这些条件都为印尼发展同澳大利亚的战略合作关系创造了机会。①

印尼作为一个中等国家，根据自身实力和出于维护国家利益的角度做出外交策略与外交原则的选择是合情合理的。同时，印尼作为东盟最大经济体，一直以来在东盟中以领导人自居，在大国博弈的情况下力图保持大国平衡战略，以维护东盟团结和为东盟争取最大化的外交空间。中国在与印尼进行交往时，首先应该对印尼的这些考量给予充分了解和尊重。另外，在处理与印尼的关系时，中国应理解印尼的海洋情怀和民族特性，要有战略定力和耐力②，积极增进与印尼的政治互信③，促进两国关系长期稳定发展。④ 当然，也需要意识到两国海洋合作中存在的诸多不确定性。国家是复杂的行为体，海洋合作只是国家间关系的一部分，受到多种因素的影响。虽然两国有意增强海洋合作，维护地区稳定，但域内外也存在着有意制造事端的敌对势力，通过制造问题分化瓦解双边及地区国家间的关系，给两

---

① 尚子絜：《澳大利亚与印度尼西亚的战略关系及其地区影响》，载《太平洋学报》，2017 年第 10 期。

② 当下，印尼面对新的国家与地区发展形势进行了诸多的政策调整与战略布局，中国在与之合作过程中应当结合这一基本政治现实，从政策偏好与效益反馈层面着手，将战略对接与双边关系发展的根基嵌入双方合作的方方面面，实现合作共赢。政策偏好的同向、效益反馈的有效是国家间合作的重要助力，也是推动中国与印尼实现战略对接与深化双边关系发展的重要路径。参见卫季：《政策偏好与效益反馈——新时期中国印尼战略对接中的问题探析》，载《江南社会学院学报》，2020 年第 2 期。

③ 两国高层交往不断，政治互信加强，成为战略对接的重要推动力。近年来，中印尼高层交往密切，佐科总统三年时间里 5 次访问中国，与习近平主席 6 次会晤，贯穿始终的主题就是对接中方"21 世纪海上丝绸之路"建设和印尼"全球海洋支点"构想，深化和拓展各领域务实合作。两国元首就全面对接发展战略和推进务实合作达成重要共识。2018 年 5 月李克强总理出访印尼，与印尼政府和工商界就共同推进"一带一路"建设进行深入沟通和广泛交流，并签署一系列经贸合作项目。两国政府和企业都在积极努力，为"一带一路"与"全球海洋支点"对接以及两国经济合作缔造良好的氛围。参见吴崇伯，张媛：《"一带一路"对接"全球海洋支点"——新时代中国与印度尼西亚合作进展及前景透视》，载《厦门大学学报（哲学社会科学版）》，2019 年第 5 期。

④ 熊灵，陈美金：《中国与印尼共建 21 世纪海上丝绸之路：成效、挑战与对策》，载《边界与海洋研究》，2017 年第 6 期。

国的海洋交往与合作制造困境。①

今天的全球化环境已经为海洋地缘政治提供了全然不同的条件，中国必须探索自己成为海洋大国的道路。② 中国在海权发展过程中必须重视周边外交，需要以有效的周边外交手段，化解海上邻国对中国的猜疑与恐惧，规避这些国家对中国崛起的联合制衡；同时积极发展睦邻友好关系，在"周边命运共同体"的构建过程中，保障本国的长远利益。③ "一带一路"倡议实施后，中国在印度洋等地建设的重点港口，能够为中国建设高效、安全、畅通的海上运输通道提供助力。毋庸置疑，"一带一路"倡议将有效改变长期以来中国的"重陆轻海"思维，在周边区域实现陆海平衡。它表现为一种"陆稳海进"的战略态势，可以弥补中国崛起进程中海上力量相对缺失的短板，全面助力中国崛起进程。④

① 黄栋栋：《"21世纪海上丝绸之路"背景下的中印尼海洋合作研究》，华中师范大学博士论文，2019年。

② 马得懿：《海洋意识的内涵、体系与演化路径》，载《上海行政学院学报》，2015年第4期。

③ 金新：《东亚海权格局演化历程探析》，载《太平洋学报》，2017年第4期。

④ 孙现朴：《"一带一路"与大周边外交格局的重塑》，载《云南社会科学》，2016年第3期。

参考文献

常书，2011. 印度尼西亚南海政策的演变. 国际信息资料，（10）.

戴维来，2015. 印度尼西亚的中等强国战略及其对中国的影响. 东南亚研究，（4）.

冯梁，2012. 亚太主要国家海洋安全战略研究. 北京：世界知识出版社.

傅梦孜，楼春豪，2015. 关于 21 世纪"海上丝绸之路"建设的若干思考. 现代国际关系，（3）.

高之国，贾宇，2015. 海洋法精要. 北京：中国民主法制出版社.

郭宇娟，2018. 第二轨道外交在解决南海问题上的作用分析. 外交学院博士论文.

李峰，郑先武，2015. 印度尼西亚与南海海上安全机制建设. 东南亚研究，（3）.

里扎尔·苏克马，1993. 印度尼西亚与南中国海：利益和政策. 南洋资料译丛，（4）.

梁明，陈柔笛，2014. 中国海上贸易通道现状及经略研究. 国际经济合作，（11）.

刘古昌，沈国放，2017. 国际问题研究报告 2016—2017. 北京：世界知识出版社.

刘中民，2008. 冷战后东南亚国家南海政策的发展动向与中国的对策思考. 南洋问题研究，（2）.

卢秋莉，2015. 印度尼西亚建设"世界海洋轴心"战略和对南海争端的态度. 南洋资料译丛，（1）.

罗国强，2014. 东盟及其成员国关于〈南海行为准则〉之议案评析. 世界经济与政治，（7）.

潘玥，2017. 试析中印尼在南海问题上的互动模型. 东南亚南亚研究，（1）.

潜旭明，2017. "一带一路"倡议背景下中国的国际能源合作. 国际观察，（3）.

孙立文，2016. 海洋争端解决机制与中国政策. 北京：法律出版社.

孙悦琦，2018. 中国与印尼渔业合作面临的新挑战及对策分析. 学术评论，（3）.

汪彩平，2019. 印度尼西亚处理海域争端的方式及其影响因素分析. 华中师范大学博士论文.

王勇辉，2020. 印度尼西亚对纳土纳争议海域的政策：基于中等强国的分析框架. 云梦学刊，（5）.

韦健锋，张会叶，2016. 论冷战后印尼的南海政策及其利益考量. 和平与发展，（1）.

张晓东，2015. 近期中国海洋军事战略之观察与展望——从2015年度最新发布的白皮书说起. 太平洋学报，（10）.

赵可金，2012. 建设性领导与中国外交转型. 世界经济与政治，（5）.

钟飞腾，2017. 理解南海问题中的东盟：以陆制海、东盟崛起与地区稳定. 南洋问题研究，（1）.

孜曰，2012-2-15. 开拓南海"九段线"历史研究的新领域. 中国海洋报.

AMAHL AZWAR，2012-8-14. Govt Looks to Approve East Natuna Bid. Jakarta Post. http：// www. thejakartapost. com/news/2013/08/14/govt-looks-approve-east-natuna-bid. html.

DIKDIK MOHAMAD SODIK, 2012. The Indonesian Legal Framework on Baselines, Archipelagic Passage, and Innocent Passage. Ocean Development & International Law, 43.

HASJIM DJALAL, 2001. Indonesia and the South China Sea Initiative. Ocean Development & International Law, 32.

RISTIAN ATRIANDI SUPRIYANTO, 2016. Out of Its Comfort Zone：Indonesia and the South China Sea. Asia Policy, （21）.